펭귄도 사실은 롱다리다!

오른팔이 부러져서
왼손으로 쓰고 그린
과학 에세이

이지유 지음

오른팔이 부러져서
왼손으로 쓰고 그린
과학 에세이

펭귄 도 사실 은 롱다리다!

웃는돌고래

○ 차 례 ○

일 러 두 기

▪ 그림 오른쪽에 영어로 쓴 제목은 왼쪽 동물의 정식 학명입니다. 학명 표기 원칙대로라면 첫 글자를 대문자로 쓰고 두 번째 글자부터는 소문자로 쓰되 전체는 이탤릭체로 기울여 써야 합니다. 그런데 그렇게 해 놓으니 편하게 읽히지가 않아서 부득이 지금과 같은 형태로 표기했습니다. 과학자분들의 너른 이해 부탁드립니다. ^^

▪ 학명 가운데 한 단어로만 되어 있는 것은 (종_속_과_목_강_문_계 中) '목' '과'를 쓴 것이고, 두 단어인 것은 '속' '종'을 쓴 것입니다. 야쿠시마원숭이의 학명이 세 단어인 것은 원숭이 중에서도 야쿠시마섬에 사는 아종을 콕 집어 설명하고 있기 때문입니다. '속' '종' '아종'을 함께 쓴 것이지요.

▪ 동물 이름을 쓸 때는 병코돌고래, 붉은캥거루, 쥐가오리 같은 학술적 정식 명칭 대신 일상적으로 많이 쓰이는 돌고래, 캥거루, 만타가오리 같은 이름을 썼습니다.

오른손 손목이 부러졌다!!!

별번쩍 선생 골절 극복기 1-1주차

오른쪽 요골 말단이 부러지고 척골에 금이 간 지 3주가 지났다.

인체 해부학 지식이 부족한 현대인을 위해 부연 설명을 하자면, 손과 팔꿈치 사이에는 두 가닥의 긴 뼈가 있는데 엄지손가락 쪽에 있는 굵은 뼈를 요골, 새끼손가락 쪽에 있는 비교적 가는 뼈를 척골이라고 한다.

나는 운 좋게 뼈가 부서지지 않고 깔끔하게 단층(이건 지질학 용어다)을 이루면서 골절되어 의사가 '도수 정복 치료'를 하기로 결정했다.

정형외과 전문 지식이 부족한 현대인들을 위해 설명하자면, 두 명의 의사 중 한 사람은 내 손을, 또 다른 사람은 내 팔꿈치를 잡아 양쪽을 아주 세게 당긴 뒤(아프다) 부러진 부분을 더듬어 찾아서 밀어 붙인다(아프다x3). 이걸 도수 정복 치료라고 한다.

의사가 부러진 요골을 맞추고 꼭 붙들고 있는 사이 다른 치료사들이 기다란 석고 벨트에 물을 묻힌 뒤 벨트가 굳기 전에 재빨리 손목 앞뒤를 샌드위치처럼 감싸고 압박 붕대를 감는다.

나는 빠른 속도로 부풀어 오르는 손목을 보며 놀라는 동시에 아까 "딱" 하는 소리와 함께 뼈가 맞춰지는 순간 소리도 지르지 못한 게 못내 억울했다. 정신을 차려 보니 나는 반깁스를 한 채 팔걸이를 하고 있었고, 소염 진통제가 든 주사기 바늘이 내 왼쪽 엉덩이를 찌르고 있었다.

모든 일이 순식간에 벌어졌다.

병원에 들어올 때만 해도 '그냥 삔 걸 거야.' 하며 의기양양 씩씩했으나 나갈 때는 얼이 빠진 상태.

뼈가 부러지다니, 그것도 오른쪽 손목뼈가!

밥 먹기도 힘들고, 생수 뚜껑도 딸 수 없고, 대변을 보고 나서 뒤처리도 힘들고, 혼자 옷도 입기 힘들다. 괴롭다. 우울하다.

이 무기력에서 벗어날 방법이 없을까?

그래서 시작했다.

'왼손 그림' 그리기.

두둥!

2017년 1월 21일

11

닭

처음 그린 왼손 그림.

2017 1.31.

왼손으로 그림

고양이

이건, 두 번째 그림.

2017. 2. 1.

왼손 고양이

별번쩍 선생 골절 극복기 2-2주차

뼈가 부러져 본 적 없는 현대인들을 위해 설명을 하자면 골절 후 1, 2주 동안은 반깁스를 해 두고 골절 부위의 부기가 좀 빠지면 플라스틱 통깁스를 한다. 오른 손목뼈가 부러진 나도 2주 만에 반깁스에서 초록색 통깁스로 바꿨다.

그런데 통깁스를 했더니 피가 잘 안 통해서 손끝이 하얘졌다. 너무 꽉 조인 탓에 동맥을 따라 이동하는, 산소가 풍부한 피가 손끝까지 안 가는 거다.

다음날 다시 깁스를 했다. 물론 톱으로 깁스를 갈라 떼어 냈다. 드드드드.

아, 그런데 이번에는 손이 검붉어지면서 퉁퉁 붓고 열이 났다. 동맥을 타고 신선한 피가 손끝까지 왔는데 정맥이 막혀 피가 돌아가지 못해 판막들 사이에 '피떡'이 생긴 거다.

다시 깁스를 풀고 석고 반깁스로 바꿨다.

아, 그런데 이번에는 팔꿈치 각도가 예각이 되어 피가 팔뚝부터 안 움직인다. 열나고 아파서 잠도 못 자고 엉엉 운 뒤,

병원을 바꿨다!!!!!

경험 많은 여간호사가 아주 편하게 깁스를 해 주었다.
이제 편히 잠을 잘 수 있다!!!!

2017년 2월 2일

돌고래

2017. 2. 3.

아기돌고래는
엄마와 함께

TURSIOPS TRUNCATUS

'돌고래'라고 하면 대부분 '큰돌고래' 또는 '병코돌고래'를 떠올린다. 입 부분이 병처럼 앞으로 튀어나와 병코돌고래라는 이름이 붙었다. 수족관에서 볼 수 있는 돌고래들도 다 큰돌고래다. 돌고래는 무리 지어 사는 동물로, 지능이 매우 높고 서로 의사소통을 할 수 있으며 무리마다 다른 문화를 가지고 있다. 다시 말해 수족관 같은 곳에 가두어 두는 것은 매우 잔인하며 나쁜 일이라는 뜻이다. 일본 '다이지'는 돌고래를 잔인한 방법으로 잡아 전 세계에 판매하는 것으로 유명하다. 울산광역시가 고래 도시의 이미지를 확립하고 관광 산업을 활성화하기 위해 다이지에서 아기 돌고래를 사 온 것은 몰지각하고 부도덕한 행위다. 인간들에게 납치당해 순식간에 엄마를 잃은 아기 돌고래는 공포에 떨며 낯선 곳으로 끌려와 결국 죽고 말았다. 천벌을 받을 일이다.

―――――――

갈라파고스땅거북

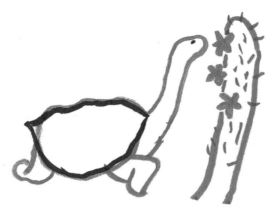

갈라파고스 거북이.
그 섬에는 노란 꽃만 피어서
거북이는 노란 꽃만 먹는다!
2017. 2. 8.

GEOCHELONE NIGRA

'갈라파고스 자이언트 거북이'라고도 불리며 성체는 4~5백 킬로그램은 거뜬히 넘는다. 갈라파고스땅거북은 갈라파고스 제도에서 가장 유명한 동물이다. 섬 안에 천적이 없고 다른 동물의 눈치를 볼 것도 없어 청각이 사라졌다. 그래서 새소리도 못 듣는다. 갈라파고스에 사는 새를 보고 새소리를 들으려고 비싼 비용을 치르고 태평양 한가운데 있는 이 섬에 제 발로 찾아오는 인간들이 매우 많다는 점을 떠올리면 거북이의 청력 상실은 매우 유감스러운 일이라고 생각할 수 있다. 그러나 그것은 하찮은 인간의 생각일 뿐, 필요 없는 기관을 유지하느라 에너지를 소비하는 것보다 불필요한 것을 없애는 편이 훨씬 효율적이다. 이 덩치 큰 순둥이들은 주로 선인장 꽃과 과일을 먹는데, 목을 쭉 뻗으면 꽤 높은 곳에 있는 것까지 먹을 수 있다. 가끔 곤충이나 작은 동물도 먹는다고는 하는데 재빨리 움직이는 동물을 사냥할 수 없으므로 주로 가만히 있는 식물을 먹는다. 큰 거북이 높은 곳에 있는 꽃과 열매를 먹는 덕분에 덩치가 작은 다른 거북들도 굶지 않고 살아갈 수 있다. 물론 작은 동물은 땅거북 근처에서 어슬렁대면 안 된다. 밟혀 죽을지도 모르니까.

———————

개복치

개복치의 학명은 Mola mola.
맷돌이라는 뜻.
이들은 그냥 따따니다
몸에 슬 부딪히는
매우 여유로운 물고기다.
2017. 2. 9.

MOLA MOLA

학명이 '몰라몰라 Mola mola'인 개복치는 몸 길이가 3미터에 이르는 매우 큰 물고기다. 큰 몸집을 유지하기 위해 해파리, 플랑크톤, 오징어, 해초 등을 가리지 않고 먹는데, 대부분의 먹이에 영양가가 별로 없어 엄청나게 많은 양을 계속 먹는다. 개복치는 몸에 붙은 기생충을 죽이기 위해 해초 사이를 누비기도 하지만 물 위에 옆으로 누워 둥둥 떠서 햇빛을 받기도 한다. 자외선을 받고 몸에 있는 기생충이 떨어져 나가길 바라면서 말이다. 이걸 두고 영어권 사람들은 개복치가 물 위에 떠 있는 모습이 꽃잎 같다며 'ocean sunflower'라고 부르는데, 이런 습성 탓에 어부들에게 잘 잡히기도 한다. 인간들은 이 커다랗고 여유로운 물고기의 생태에 대해 아는 것이 그리 많지 않다. 고래나 상어 같은 동물에게는 카메라나 GPS 신호기를 달아 파파라치처럼 따라다니지만 개복치에겐 그러지 않는다. 그런 무관심이 개복치에겐 다행인지도 모른다.

———————

별번쩍 선생 골절 극복기 3-3주차

　팔목 골절상을 입으면 당연히 손톱이 안 자란다. 원래 있던 손톱 또한 수분을 잃고 퍽퍽해진다. 손목 안쪽으로 지나가는 혈관과 신경이 손상을 입어 손끝까지 영양이 잘 공급되지 않기 때문이다. 물론 손끝 감각도 무뎌져, 보이지 않는 막이 씌워진 채로 뭘 만지는 느낌이 든다.

　그러나 반대쪽 손은 마치 다친 손이 못 하는 걸 보상이라도 하는 듯 손톱이 무럭무럭 자란다. 손톱에 대한 상식이 부족한 현대인을 위해 부연 설명을 하지면, 모든 손톱이 같은 속도로 자라지 않는다. 놀랍게도 그 이유는 아무도 모른다!

　이유를 알 수 없지만 3주나 손톱을 못 깎으면 약지 손톱이 가장 먼저 부러진다.

　그래서 네일샵에 갔다. 네일 디자이너가 기분 좋게 손톱을 다듬어 주었다.

나 : 어쩜 오른쪽은 손톱도 안 자라네!

디자이너 : 다쳐도 안 자라지만 다이어트 해도 잘 안 자라요.

나 : 오~ 그렇구나!!

디자이너 : (내 긴 왼쪽 손톱을 보며) 근데 어머님은 다이어트 같은건 안

 하시나 봐요!

나 : 나? 오호호호호~ 뭐 그런 걸. 호호호호~~.

그래, 나 많이 먹어서 손톱 많이 자랐다.

잘 먹어야 뼈가 빨리 붙는다고!

2017년 2월 6일

독수리

독수리는 사체가
 없을때만 사냥한다!

2017. 2. 15.

AEGYPIUS MONACHUS

뾰족한 발톱, 무엇이든 꿰뚫어볼 것 같은 눈, 커다란 날개를 가진 독수리는 쏜살같이 날아 먹이를 낚아채는 무서운 존재로 알려져 왔다. 그러나 독수리는 꼭 필요한 경우가 아니면 사냥을 하지 않는다. 사냥은 에너지가 많이 필요한 일이기 때문이다. 독수리가 큰 날개를 펴고 하늘을 빙빙 돌며 활강하는 것은 주로 사체가 있는지 살피기 위한 것이다. 사체를 찾아 먹는 것이 훨씬 경제적이다. 독수리는 썩어 가는 대형 동물의 사체를 먹어 치워 탄저균이나 각종 병원균이 퍼지는 것을 막아 준다. 여기서 궁금한 것은 왜 독수리는 썩은 고기를 먹어도 병에 걸리지 않느냐는 것이다. 사람이나 다른 동물은 당장 병에 걸리는데 말이다. 과학자들의 연구에 따르면 독수리는 먼 친척인 매와 달리, 면역 체계와 위산 분비에 관여하는 20여 개의 유전자가 변형되어 있다고 한다. 정확한 것은 더 연구해 봐야 안다고 하나, 연약한 인간으로서는 썩은 음식을 먹어도 멀쩡한 것은 물론 강력한 면역 체계를 가진 독수리가 매우 부러울 따름이다.

해미쉬

2017. 2. 16.

해미쉬는 스코틀랜드 소로
간지나는 앞머리가 특징이며
가장 출세한 해미쉬는
"주토피아"에 체육관 안내원으로
출연했다.

BOS TAURUS

스코틀랜드 지방에서 흔히 볼 수 있는 매우 멋진 소 해미쉬. 털이 아주 길어 겨울을 나기에 적합하고 소로서는 드물게 얼굴을 거의 다 가리는 앞머리를 가지고 있으며, 다소 넓은 미간이 착해 보이는 인상을 살짝 감춰 준다. 앞머리 사이로 뿔이 있고 네 다리로 앙버티고 있는 모습이 매우 귀엽다. 하지만 실제로 보면 덩치가 매우 큰데다 마구 달려오기라도 하면 밑에 깔릴 수 있기 때문에 얼른 피해야 한다. 6세기에 만들어진 책을 보면 스코틀랜드에는 두 종류의 소가 있었다고 한다. 한 종류는 사라졌고, 지금은 해미쉬만 남아 스코틀랜드의 초원 하이랜드를 독차지하고 있다. 해미쉬는 영국 남성의 이름으로도 많이 쓰여서 이 멋진 소에 대해 알아보기 위해 '해미쉬'를 검색하면 검색 결과에 운동선수, 가수 등 많은 인간들이 나오기 때문에 매우 귀찮다. 참, 〈주토피아〉에 나오는 자연주의 클럽 안내원 약스가 해미쉬인 줄 알았는데 애니메이션을 만든 사람들은 야크를 모델로 만들었다고 한다. 아마 제작진은 해미쉬의 존재를 몰랐을 것이다. 알았다면 섭외를 안 했을 리 없다.

———————

해달

2017.
2. 18.

해달은 자다 떠내려가는 불상사를
막기 위해 해초로 몸을 감고 또
친구와 손을 잡고 잔다.
선용 조개까지 돌을 보유하고 있는
멸종 보호동물로, 가장 잘 알려진
해달로는 "보노보노"가 있다.

ENHYDRA LUTRIS

귀여움의 아이콘인 족제비과 해양 포유류. 〈보노보노〉 덕분에 너무나 잘 알려졌으나, 보노보노와 달리 조건만 잘 맞으면 땅을 한 번도 밟지 않고 살아갈 수 있다. 간혹 수달과 혼동하는 경우가 있는데 수달은 강처럼 소금기 없는 물에서 산다. 해달은 드물게 도구를 이용하는 해양 포유류로, 조개나 성게를 돌에 내리쳐 껍질을 제거하고 먹는다. 흥미롭게도 각 개체가 전용 돌을 가지고 있다. 특히 성게를 좋아하는 것으로 알려져 있는데, 해달의 수가 줄면 성게의 수가 엄청 늘어나 바다 바닥에 아무것도 남아나지 않는다. 성게가 해조류를 다 먹어 치우기 때문이다. 바다숲을 유지하며 건강한 생태계를 이루려면 해달과 성게가 적절한 수를 유지해야 한다. 가끔 해달이 성게 양식장에 나타나 성게를 다 먹어 치우기도 하는데 이때는 인간과의 싸움을 피할 수 없다. 새끼 해달은 젖을 뗄 때까지 어미와 같이 다니고, 잠을 잘 때는 떠내려가지 않도록 해초로 몸을 감고 잔다.

펭귄

펭귄도 사실은
롱다리다!

2017. 2. 18.

SPHENISCIDAE

'귀여운 동물 동영상'을 검색하면 고양이와 선두 다툼을 하는 정말 귀여운 동물이다. 귀여움의 원인은 너무나 따뜻해 보이는 털과 뒤뚱거리며 걷는 모습. 그래서 인간들은 펭귄 다리가 매우 짧다고 생각하지만 그건 오해다. 펭귄은 매우 긴 다리를 가지고 있다! 펭귄은 추운 곳에 살면서 체온을 뺏기지 않기 위해 몸속에 다리뼈를 숨기고 있다. 우리가 보는 그들의 모습이 그러한 것은 무릎을 90도 가량 옆으로 굽힌 채 서 있기 때문이다. 만약 지구가 더 더워지고 그렇게 되더라도 펭귄의 먹이가 줄지 않아 그들이 계속 살아남는다면, 펭귄은 굽힌 다리를 쭉 펴고 털 밖으로 과감하게 다리를 내놓는 모습으로 진화할 수도 있다. 더 이상 체온을 지켜야 할 필요가 없기 때문이다. 물론 그렇게 진화하려면 굉장히 오랜 시간이 걸리고 지금의 귀여운 모습을 잃어버릴 수도 있다. 분명한 사실 하나는 펭귄이 롱다리라는 것!

———————

고니

고니(백조)는 물에 뜨려고
발을 허우적대지 않는다!

2017. 2. 20.

CYGNUS COLUMBIANUS

"고니나 오리와 같은 조류가 물에 떠 있으려면 쉬지 않고 발을 움직여야 한다."는 말을 들어 본 적 있을 것이다. 누가 처음으로 그런 말을 했는지 모르지만 새빨간 거짓말이다. 발을 열심히 저어서 먹을 것이 나온다면 모를까 물에 떠 있으려고 발을 휘저어 대다니, 동물들은 그런 바보 같은 짓을 하지 않는다. 고니의 항문 근처에는 기름샘이 있어 살아 있는 한 기름이 계속 나온다. 고니는 날개를 비벼 이 기름을 깃털에 고루 바른다. 이때 깃털 사이에 공기층이 생겨 깃털이 풍성해 보인다. 뿐만 아니라 기름은 깃털에 물이 스미는 것을 막아 주는 방수 물질 역할을 하기 때문에 발을 마구 흔들지 않고도 우아하게 물에 뜰 수 있다. 아름다운 모습과 남보다 앞선 위치를 유지하려면 남다른 노력이 필요하다는 뜻을 전달하고자 고니를 이용하려는 의도는 알겠다. 하지만 사실이 아닌 것을 예로 들고 그것을 곧이곧대로 믿는 것은 인간이 어리석다는 것을 또 한 번 확인시키는 꼴이다. 모두 반성하고 고니에게 사과하는 것이 좋겠다.

별번쩍 선생 골절 극복기 4-4주차

오른 손목뼈가 부러진 지 4주가 지났다!

뼈가 부러지면 보통 6주 동안 깁스(반깁스 후에 통깁스로 바꾼다.)를 하라는 진단을 받는다.

뼈가 붙는 과정에 대한 지식이 부족한 현대인을 위하여 설명하자면, 골절 후 1, 2주 동안 부러진 뼈 안에 있는 신경과 핏줄이 '나는 어디서 끊어졌나?' '내가 살 길은 무엇인가?' 상황을 파악한다. 3, 4주가 되면 콜라겐 같은 골질이 나와 부러진 부분을 간당간당 붙들고 있다가 5, 6주가 되면 단단하게 붙는다. 6주 동안 나는 간신히 붙어 있는 뼈가 어긋나지 않게 꼭 붙들어야 한다. 그것을 도와주는 것이 깁스다.

중요한 포인트는 골절 후 최대한 빠른 시간 안에 뼈를 맞추고 잡아야 한다는 것. 골절계에도 골든 타임이 있다. 적어도 4시간 안에 뼈를 맞추지 않으면 손상된 핏줄과 신경이 그냥 죽어 버린다.

그렇다. 부러진 뼈는 내 세포들이 알아서 치유한다. 나는 그저 꽉 붙잡고 있기만 하면 된다!

그런데 예상치 않은 후유증이 있다.

나처럼 오른 팔목과 팔꿈치의 자유를 뺏기면 왼팔 근육을 과도하게 쓰게 된다. 아픈 오른팔을 보호하려고 몸이 오른쪽으로 기운다. 몸은 균형을 잡으려고 왼쪽 엉덩이를 내밀고 오른 다리로 지탱하는 시간이 길어진다. 머리 또한 오른쪽으로 기운 시간이 길어 오른쪽 목 근육이 짧아지고 승모근도 긴장한다. 결국 온몸의 균형이 흐트러져 만성 두통, 어깨 뭉침, 요통, 고관절, 무릎, 발목, 관절통에 시달리게 된다.

그러지 않으려면 오늘도 바른 자세, 스트레칭, 휴식 필수! 맛있는 것 챙겨 먹기 필수!

모두들 골절 주의!

2017년 2월 8일

코끼리

코끼리 코는 10만여 개의
근육과 인대로 이루어져 있다.

2017. 2. 22.

LOXODONTA AFRICANA

보통 성체의 경우 몸무게가 7~8톤에 이르는 거대 동물. 현재 지구의 육상에서는 크기와 무게로 대적할 동물이 없는 절대 강자! 머리 무게만 1.5톤에 이를 정도로 무겁다 보니 목이 따로 없고 머리와 몸을 딱 붙인 채 다닐 수밖에 없다. 그러다 보니 머리를 마음대로 돌릴 수 없어서 윗입술과 코를 붙인 뒤 길게 늘여 제2의 손을 만들었다. 이것이 바로 코끼리의 상징인 긴 코다. 자유자재로 움직일 수 있는 이 코는 보통 10여 리터의 물을 담아 입으로 가져갈 수가 있고, 머리 위에 있는 나뭇가지를 꺾어 입에 넣을 수도 있으며, 강을 건널 때 새끼가 떠내려가지 않도록 보호하기도 하는 만능 손이다. 코끼리는 인간들이 들을 수 없는 초저주파로 매우 상세한 내용의 대화를 나누며, 암컷을 중심으로 무리 생활을 하는, 매우 지능이 높은 동물이다. 이렇게 똑똑하고 크고 아름다운 동물을 잡아서 잔인한 방법으로 훈련시킨 뒤, 등에 인간을 태우고 돌아다니는 '관광 노예'로 부리는 것은 천인공노할 짓이다!

———

올빼미

baby owls

올빼미는 안구가 뼈에 딱 붙어
눈을 굴릴 수 없어서
대신 머리를 360°돌린다.
2017. 2. 25.

STRIX ALUCO

야행성 맹금류. 우리나라에서는 귓바퀴가 있으면 부엉이, 없으면 올빼미라고 하는데 서양에서는 모두 올빼미라고 부른다. 때에 따라서는 솔부엉이처럼 귓바퀴가 너무 작아 올빼미로 오인 받는 경우도 있다. 안구와 안와가 붙어 있어 머리를 한쪽 방향으로 270도까지 틀수 있으므로 좌우로 360도를 커버할 수 있다. 하지만 인간들의 짐작과는 달리 야행성 맹금류라고 해서 밤에 더 잘 볼 수 있는 것은 아니다. 대신 올빼미들은 어두운 밤에 청각을 이용해 사냥을 한다. 양쪽 귀가 대칭이 아니고 높이가 달라서 소리가 들려오는 쪽을 더욱 정확하게 알 수 있다. 아무래도 빛이 부족한 밤에는 시력에 의지할 수 없기 때문에 청각이 더 유용한 감각기관 역할을 한다. 올빼미는 먹이를 통째로 삼키는데, 소화가 안 되는 깃털과 뼈는 공처럼 뭉쳐서 도로 뱉어낸다. 과학자들은 올빼미가 내뱉은 뭉치를 가져다가 살펴보고 무엇을 먹었는지 알아낸다.

티라노사우루스

(티라노사우루스)
↳ T-Rex는
앞다리가 짧아
머리를 긁을 수
없다!
2017. 2. 27.

TYRANNOSAURUS REX

티라노사우루스는 6천 5백만 년 전, 지구를 강타한 소행성 때문에 다른 공룡들과 함께 멸종한 것으로 알려져 있다. 거대한 몸집, 아무도 당해 낼 수 없을 것 같은 강한 다리와 큰 머리는 힘의 상징으로 많은 어린이들의 절대적인 사랑을 받고 있다. 만약 자연사 박물관에서 이 공룡의 화석화된 뼈라도 전시하지 않는다면 어린이는 물론 그들을 모시고 오는 어른들의 발길이 끊어질지도 모른다. 하지만 이 무시무시한 육식 공룡의 미스터리는 아무짝에 쓸모없을 것 같은 짧은 앞발이다. 앞발로 사냥감을 후려치는 것은 고사하고 자기 뺨이 가려워도 긁을 수 없을 정도로 짧다. 티라노사우루스의 앞발은 왜 그렇게 짧을까? 게다가 몸집이 너무 커서 뛰지도 못한다. 그러나 이 거대한 공룡은 그냥 걷기만 해도 시속 30킬로미터! 뛰지 않고 슬슬 걷는 것만으로도 사냥할 수 있었다고 하니, 어린이들이 사랑하지 않을 수 없다.

———

별번쩍 선생 골절 극복기 5-5주차

뼈가 부러지면 통증이 극심하다. 살이 찢어지거나 근육이 쑤시는 것과는 또 다른 아픔이다. 그런데 이 통증은 진통제 한 방이면 언제 그랬느냐는 듯이 싹 사라진다.(물론 아주 센 주사다.)

통증이 사라진 뒤 나를 괴롭히는 것은 몸이 아니라 정신이다. 길을 가는 사람들은 모두 멀쩡하다. 병원에 가도 다리 다친 사람은 많은데 오른팔을 다친 사람은 없다.

'왜 나만 아픈 거야?!'

이런 생각이 들면 세상 서럽고 방구석에 처박혀 울고 싶어진다.

그러던 어느 날 병원에서 나랑 똑같이 오른쪽 팔에 깁스를 한 여덟 살 남자 어린이를 만났다. 어찌나 반갑던지.

"넌 왜 다쳤어?"

"자전거 타다가요. 아줌마는요?(할머니라고 하지 않았다!)"

"스키 타다가."

"오오~!!"

동 병 상 련!

우리는 우리만 알아볼 수 있는 눈짓으로 하이파이브를 대신했다.

뿐만이 아니다. 주변에 발목, 팔꿈치, 다리 등을 다친 지인들이 깁스한 사진을 보내올 때마다 위안을 얻곤 하는 것이다!

이래서 환우회가 생기는 거겠지.

2017년 2월 16일

군대개미

병정개미의 강한 턱은
3,000년 전부터 상처를 봉합하는
스테이플러로 쓰였다.

2017. 3. 1.

ECITON BURCHELLII

지구상에는 정말이지 많은 종류의 개미가 어마어마한 개체 수를 뽐내며 살고 있다. 열대 지방에 사는 병정개미는 크고 단단한 턱으로 한번 물면 놓지 않는데, 인간들은 이 성질을 자기들 필요한 곳에 썼다. 피부를 째거나 내장을 드러내는 수술을 할 때 상처 부위를 개미에게 들이대면 개미가 상처 부분을 꽉 문다. 그때 의사는 개미의 몸통을 잘라 버린다. 벌어진 곳을 봉합하는 외과 수술에 병정개미를 쓴 것이다. 이런 방법은 무려 3천 년 전부터 사용됐는데, 현대 의술이 닿지 않은 곳에서 아직도 쓰이고 있다. 아프리카에서는 성인식에 개미를 쓰기도 한다. 개미를 넣은 장갑을 끼게 하는 것인데 개미가 가진 신경독 때문에 아이는 극심한 통증에 시달린다. 아마 아이에게 독에 대한 내성이 생기도록 하려는 것일 텐데, 그만큼 개미를 무시할 수 없다는 증거이기도 하다.

———————

캥거루

아기 캥거루는 앞발로 엄마 배를 꼭
움켜쥐고 있기 때문에
엄마와 같이 앞을 보려면
목을 휙 틀어야 한다.

2017. 3. 2.

MACROPUS RUFUS

백인들이 호주에 왔을 때 원주민인 애보리진에게 "저 동물이 무엇이냐?"고 묻자 "캥거루 (원주민어로 '나도 모른다'는 뜻)"라고 대답해서 이렇게 불리게 되었다는 설이 있는데, 거짓말이다. 캥거루는 흑색 또는 회색의 캥거루를 지칭하는, 제대로 된 동물 이름이다. 캥거루들이 튀어 오르는 스프링처럼 통통 튀어 다니는 이유는 뒷발을 따로 움직이지 못해서다. 다리와 발 뼈에 붙은 인대가 스프링처럼 작동한다. 캥거루는 새끼를 가져도 태반이 형성되지 않는다. 출산 관련 정보가 부족한 현대인들을 위해 부연 설명을 하자면, 태아는 태반 없이는 건강하게 성장하기 힘들다. 따라서 태반이 없으면 조산할 수밖에 없다. 그렇다. 모든 암컷 캥거루는 조산을 한다. 눈도 뜨지 못한 미숙아 캥거루는 태어나자마자 앞발의 힘만으로 엄마의 육아낭을 찾아 들어간다. 정말이지 놀라운 능력이다. 엄마 캥거루는 젖샘이 없고 땀샘이 변형된 젖이 흐르는 구멍이 있을 뿐이라, 태아는 냄새만으로 젖이 흘러내리는 구멍을 찾아 핥아 먹는다. 정말로 살아남기 힘들다. 인간들은 성인이 되어도 부모로부터 독립하지 못하는 자식을 '캥거루족'이라고 부르는데 그것은 캥거루의 외형만 보고 섣불리 빗댄 것이다. 후각과 앞발의 힘만으로 젖샘을 찾아내는 강인한 미숙아라니! 그리고 모든 동물이 그렇듯이 캥거루 새끼 역시 혼자 먹고살 수 있을 무렵이 되면 뒤도 돌아보지 않고 어미의 육아낭을 떠난다. 반면 미숙아로 태어난 인간을 그냥 두면 대부분 죽는다.

카멜레온

카멜레온은 온도에 따라 또는 기분에
몸의 색이 서서히 변한다.
근데 인간들은 보호색이라고
믿고 싶어한다. 바보들이다.

2017. 3. 3.

CHAMAELEONIDAE

몸의 색을 자유자재로 바꿀 수 있다는 오해 때문에 '원래 모습이나 의도를 알 수 없는 사람이나 일 따위'에 갖다 붙이는 명칭이 된 카멜레온. 그러나 이것은 대단히 잘못된 비유다.

사실 카멜레온은 자기 마음대로 색을 마구 바꾼다기보다 기분이나 온도 변화에 따라 아주 천천히 색이 바뀐다. 또한 과학자들의 연구에 따르면 카멜레온의 피부에 나노격자가 있어서 빛의 방향에 따라 다른 색으로 보인다는 것이다. 결국 카멜레온 본인조차 자기의 진짜 색이 뭔지 모른다. 발가락을 멀리서 보면 마치 집게처럼 나뭇가지를 잡고 있는 걸로 보이는데 다가가서 자세히 보면 한쪽에 두 개, 반대쪽에 세 개가 있어 서로 마주보게 되어 있다. 두 눈은 각자도생. 다시 말해 따로 굴리는 것이 가능하다는 말씀. 그 결과 카멜레온은 사각지대 없이 모든 곳을 볼 수 있다. 몸의 색을 바꾸고, 집게 같은 발이 있고, 마음대로 굴릴 수 있는 눈을 가진 카멜레온은 작가들에게 큰 영감을 주는 존재로 각종 만화, 애니메이션, 영화에 자주 캐스팅되곤 한다.

사마귀

이지유

암컷 사마귀는 알을 낳기 전은
물론, 아주 배가 고플때도
수컷을 먹는다!

2017. 3. 4.

TENODERA ANGUSTIPENNIS

SF 영화, 애니메이션, 소설 등을 창작하는 사람들이 영원히 동경할 외모를 가진 사마귀.
거대한 낫을 닮은 앞발, 촉수 하나하나가 살아 있는 입, 곤충 중 유일하게 180도까지 돌아
가는 목, 커다랗고 까만 겹눈 두 개와 미간에 빛을 감지하는 세 개의 눈까지, 이 모든 것이
너무나 외계스럽다. 수컷은 교미 후 암컷에게 잡아먹히기 때문에 모두들 불쌍하다고 여기
는데, 알고 보면 아무 때나 잡아먹힌다고 하니 진짜 불쌍하다. 몸의 구조상 뒷걸음치는 것
이 불가능해 거대한 낫처럼 생긴 팔을 휘둘러 적과 대적하는데, 이 모습을 보고 중국 사람
들은 '싸울 상대가 못 되면서도 허세를 부림' 또는 '힘에 부치는 상대를 만나도 물러서지 않
는 용감함' 등의 뜻을 지닌 '당랑거철'이라는 사자성어를 만들기도 했다. 이는 '사마귀가 수
레를 세운다'는 뜻이다.

아틀라스나방

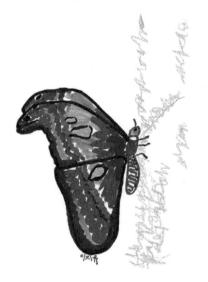

지구에서 가장 큰 나방 아틀라스 나방.
(25 ㎝)
그들은 입이 없는 성충으로,
며칠밖에 못 산다.(못 먹어서)
그 사이 얼른 알을 낳아야 한다.
2017. 3. 5.

ATTACUS ATLAS

날개를 펴면 무려 30센티미터에 이르는 매우 큰 나방. 날개의 표면은 가늘고 현란한 색의 털로 덮여 있고, 다른 동물에게 가려움을 유발하는 가루를 장착하고 있다. 놀라운 점은 이 크고 아름다운 성충은 입이 없다는 점. 그럼, 어떻게 클 수 있었을까? 먹고, 먹고, 또 먹는 것, 그것이 유충의 유일한 임무다. 대식가 아틀라스나방 유충은 6개월 동안 4번의 탈피를 하는데 이때 크기는 커다란 소시지만 하다. 이 정도로 커지면 유충은 실을 뿜어 고치를 짓고 그 속에 들어가 4주 동안 지내며 몸을 개조한다. 4주가 지나면 나방은 고치를 찢고 나와 세상에서 가장 큰 나방이 된다. 암컷은 5킬로미터까지 날아가는 페로몬을 분비하고 그것을 감지한 수컷은 먼 길을 마다않고 날아와 자신들의 마지막 임무를 마친다. 그 임무란 교미 후 알을 낳는 것. 성체에겐 입이 없어 먹을 수 없기 때문에 이 중요한 일은 일주일 내에 마쳐야 한다. 그러니까 아틀라스나방은 6개월 내내 쉬지 않고 먹어 대다가 결국 굶어서 죽는다.

야쿠시마원숭이

일본 난세이 제도의 야쿠시마 섬에 사는
원숭이는 사슴을 타고 논다.
원숭이가 높은 나무에서 열리는 열매를
떨어뜨리기 때문에 사슴이 참아 주는 거다!
2017. 3. 7.

MACACA FUSCATA YAKUI

큰 대륙과 떨어져 있는 섬에는 매우 독특한 행동을 하는 동물이 발견되곤 한다. 일본의 난세이 제도에 있는 야쿠시마 섬에는 사슴을 타고 노는 원숭이들이 산다. 원숭이들은 높은 나무에 매달린 열매를 따 먹다가 열매를 땅에 떨어뜨리곤 한다. 이 섬에 사는 꽃사슴들 역시 열매를 먹고 싶지만 나무를 탈 수가 없다. 그래서 원숭이가 열매를 떨어뜨리기를 기대할 수밖에 없는 상황.

그러나 그 떨어진 열매조차 쉽게 먹을 수는 없다. 원숭이들이 워낙 사나워 그냥 두지 않기 때문이다. 오래전 어느 날, 원숭이 한 마리가 사슴의 등에 타고 놀았을 텐데, 그 원숭이는 자신의 생체 에너지를 쓰지 않고 이곳에서 저곳으로 이동한 최초의 원숭이였을 것이다. 이 놀이가 무척 재미있다는 소문이 퍼지면서 원숭이들이 사슴들을 타고 놀았고, 사슴은 그 대가로 땅에 떨어진 열매를 먹을 수 있었다. 결국 사슴과 원숭이 세계에는 놀이의 물물교환이 이루어졌다. 그렇게 된 것이 틀림없다.

———

별번쩍 선생 골절 극복기 6-6주차

뼈가 붙고 깁스를 풀게 되면 곧바로 재활 치료에 들어간다. 재활 치료라 함은 눌어붙은(전문 용어로는 유착된) 신경과 작은 근육들을 떼어 내고(아프다) 큰 근육을 다시 키워(아프다) 운동성과 섬세함을 살려 내는 과정을 말한다.

뼈의 재생에 관한 지식이 부족한 현대인을 위해 부연 설명을 하자면, 부러졌다 붙은 뼈의 모습은 부러진 나무에 본드를 발라 붙인 모습과 비슷하다. 부러진 면 밖으로 목공용 풀이 삐져나와 불룩하게 된 것을 본 일이 있는가? 뼈도 그것과 비슷하다. 그래서 한 번 부러진 곳은 다시 부러지지 않는다. 더 두껍기 때문이다. 단, 조심하지 않으면 그 옆이 부러진다는 것이 함정.

이런 상황이니 뼈가 잘못 붙었다면 대략 난감! 다시 깨서 붙여야 한다.

깁스를 풀었더니,

① 손목을 앞뒤로 꺾을 수 없다. ② 주먹이 쥐어지지 않는다. ③ 손목을 좌우로 틀 수 없다.

고통스런 첫 번째 재활 치료 후에는,

④ 엄지손가락이 손바닥 쪽으로 굽혀지지 않는다. ⑤ 손가락을 하나하나 꼽으며 숫자를 셀 수 없다. ⑥ 뭘 집으려 신경을 쓰면 손이 덜덜 떨린다. ⑦ 손에서 계속 열이 나, 뭘 잡든 엄청 차갑게 느껴진다.

오늘의 숙제는 테니스 공 쥐고 악력 기르기.

재즈 피아노 연주를 다시 하기 위해 오늘도 슈퍼 울트라 익스트림 파이팅!!!

2017년 2월 21일

대왕판다

대왕판다는 이제 수가 많아서
멸종 위기를 잠시 벗어났다!

2017. 3. 8.

AILUROPODA MELANOLEUCA

판다는 어미의 몸 크기 대비 가장 작은 새끼를 낳는 동물이다. 새끼는 미숙아로 태어나 어미의 젖을 먹으며 크는데, 새끼가 워낙 작아 어미에게 압사당하는 경우도 있다. 판다가 작은 새끼를 낳는 이유는 그들의 주식이 영양가가 별로 없는 대나무이기 때문이다. 판다는 아무도 먹지 않는 대나무를 주식으로 삼음으로써 식량을 확보한다. 하지만 이들의 장은 식물을 충분히 소화시킬 만큼 길지 않아서 몸에 필요한 영양소를 얻기 위해서는 생애 대부분의 시간을 먹는 데 써야 한다. 임신을 했을 경우 양질의 먹이가 더 많이 필요한데, 대나무를 아무리 먹어도 영양소가 충분치 않다. 결국 판다 종족은 작게 낳아 크게 키우기로 결심! 사실 판다는 종족 보존의 본능조차 강하지 않다. 이를 안타깝게 여긴 사육사들이 갖은 수단을 써서 정자를 채취하고 인공 수정을 시켜 판다를 멸종 위기에서 구해 냈다. 이런 사실을 아는지 모르는지 판다들은 오늘도 끊임없이 대나무를 먹어 대고 있다.

————

동박새

동박꽃에 머리를 박고
꽃가루 수분에 힘쓰는
동박새.

2017. 3. 9.

ZOSTEROPS JAPONICUS

동박새는 참새과에 속하는 작은 새로, 우리나라에 상주하는 텃새다. 동백꽃보다 조금 더 큰 몸집에 눈에는 안경을 쓴 듯 흰 테두리가 있다. 동박새는 그저 꽃에 앉아 꿀을 먹는 거라 생각하겠지만 이는 꽃의 수정에 도움을 준다. 꽃의 암술은 좀 더 다양한 유전자 조합을 위해 같은 꽃끼리 수정하지 않는다. 다른 꽃의 꽃가루와 수정하고 싶지만 움직일 수 없다. 동박새가 꽃에 앉아 꿀을 빨 때 부리에 꽃가루가 묻는데, 이 상태로 옮겨 다니며 수정을 돕는다. 이렇게 새처럼 움직이는 동물의 힘을 빌려 수정하는 꽃을 조매화라고 한다. 동박새의 최대 라이벌은 몸집이 서너 배나 큰 직박구리. 직박구리는 그 큰 몸집에도 불구하고 동백의 가지에 앉아 꿀을 빤다. 아메리카 대륙에 사는 벌새 또한 꽃의 수정에 도움을 주는 매우 유명한 새다. 인간의 엄지손가락만 한 크기에, 꽃에 앉지 않고도 꿀을 빨 수 있는 이 새들이 없다면 꽃은 열매를 맺을 수 없다.

쇠똥구리

남반구에 사는 야행성 쇠똥구리는
은하수를 기준으로 삼아 이동 방향을
잃지 않고 직선으로 똥을 굴린다.
2017. 3. 10.

GYMNOPLEURUS MOPSUS

딱정벌레 집안에서 가장 유명한 쇠똥구리. 쇠똥구리는 동물의 똥을 뭉쳐 굴려서 식량으로, 또는 알을 낳을 집으로 사용하는 것으로 잘 알려져 있다. 이들은 엄청난 양의 동물 똥을 먹어 대는데, 이렇게 함으로써 지구가 똥으로 넘쳐날 위기를 막아 준다. 놀라운 것은 이뿐 아니다. 쇠똥구리는 어떤 장애물이 나타나도 뭉친 똥을 일직선으로 굴린다. 이 능력자 곤충은 해, 달, 불빛처럼 강한 빛은 물론 남반구에서 볼 수 있는 희미한 은하수 빛에 의지해 자신이 가고자 하는 방향을 목표로 움직인다. 그것도 일직선으로! 이들이 직선으로 똥을 굴리는 이유는 똥무더기에 있는 경쟁자들로부터 멀어지는 가장 합리적인 경로이기 때문이다. 똥무더기 근처를 맴돌면 곤란하다. 무조건 멀어져야 한다.딱정벌레의 작은 몸속에 이런 큰 능력이 숨어 있다니 그저 놀라울 뿐이다. 인간 과학자들은 아직도 그들의 행동 방식을 100퍼센트 이해하지 못했다. 영원히 모를 수도 있다.

———

군함조

군함새는 장기 비행 때 뇌 반쪽만
깨어 있다. 돌고래도 뇌를 반씩
번갈아 쉬며 수천㎞를 간다.
2017, 3, 13,

(곤데 뇌를 빼놓고 사는
어이없는 사람도 있다)

FREGATA ARIEL

몸길이 1미터, 날개를 펴면 2.5미터에 이르는 군함새는 두 달 가까이 비행한다. 미국이나 유럽에 가려면 12시간 이상 비행기를 타야 하는 경우가 있는데, 이 정도를 가지고 힘들다고 한다면 군함새가 웃을 것이다. 이들은 유체역학에 도를 텄고 기류에 관해서도 박사급이라 6분에 한 번씩 날갯짓을 하며 유유히 날아간다. 날면서 바다 표면 가까이로 뛰어오르는 날치를 잡아먹고, 날아가면서 잠도 자는데 놀랍게도 이때 뇌의 반은 자고 반은 깨어 있다. 이 건 동물 사이에선 그리 놀랄 만한 일이 아니다. 온 바다를 헤엄쳐 다니는 고래들도 수영하는 동안 뇌의 반쪽은 쉬는 것으로 알려져 있다. 실은 인간도 그런 경우가 있다. 늘 자던 곳이 아닌 다른 곳에서 잘 때는 뇌의 반쪽이 번갈아 가며 경비를 선다. 그 탓에 우리는 자고 일어나도 피곤하다. 이것은 수렵 생활을 하던 시절, 자면서도 경비를 서야 했던 과거가 유전자에 남아 있기 때문이다.

만타가오리

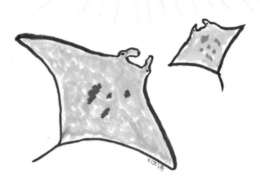

만타가오리의 배에는
저마다 다른 점이 있다.
"야, 내 이름은 ⦁ᵢ⦁ 이야!"
이런 느낌이다.
2017. 3. 14.
점이 만타! ㅋㅋㅋ

MANTA BIROSTRIS

좌우 길이가 7미터는 너끈히 넘으며 무게는 2톤을 가뿐히 넘는 거대 물고기 만타가오리. '만타'는 스페인어에서 온 말로, '담요'라는 뜻인데 만타가오리가 헤엄치고 있는 광경을 보노라면 이름 하나는 참 잘 지었다는 생각이 든다. 크기는 거대하지만 이들이 먹는 음식은 플랑크톤처럼 매우 작은 생물이다. 커다란 입을 벌려 물을 마시고 영양가가 될 만한 음식을 아가미로 거른다. 유유상종이라고, 또 하나의 거대 어류이며 몸길이가 9미터에 달하는 고래상어 역시 큰 입을 벌려 플랑크톤이 듬뿍 섞인 물을 마구 흡입하는 식사 습관을 가지고 있다. 그래서인지 만타가오리와 고래상어는 종종 같은 구역에서 마주친다. 몸 크기가 작은 빨판상어는 만타가오리의 등이나 배에 들러붙어 무임승차를 하는데 여러 마리의 빨판상어가 동시에 붙어 가는 경우도 있다. 만타가오리가 동의할지 모르겠으나 바다의 대중교통 수단이라고나 할까.

———————

말코손바닥사슴

도토리

미지욱

말코손바닥사슴(Moose)은 겨울을 나려고
도토리를 100Kg 이나 먹는데
같은 숲에 사는 다람쥐가 라이벌이다.
2017. 3. 15. (도 100개 필요)

ALCES ALCES

고위도 지역에 살며, 사슴과 동물 중 가장 크다. 겨울이 오면 몸무게를 100킬로그램쯤 늘려야 안전하게 겨울을 날 수 있기 때문에 숲에 떨어진 도토리를 엄청나게 먹는다. 말코손바닥사슴은 얼굴이 말을 닮았고 튼튼한 근육질로 이루어진 코를 가지고 있다. 추운 지방에 사는 동물들은 얼굴 앞쪽이 길고 그에 따라 자연히 코 안이 길고 넓다. 차가운 공기가 코를 통과하는 동안 따뜻하게 데워지기 때문이다. 말코손바닥사슴의 경우 이 근육질의 코는 물속에 있는 풀을 뜯어먹을 때도 매우 요긴하게 쓰인다. 인간들이 멋진 뿔을 시기 질투해서 이 아름다운 동물을 마구 잡아 머리만 잘라 박제로 만든 뒤 벽에 거는 것이 유행한 탓에 개체 수가 줄어들어 멸종 위기에 처했다.

———————

별번쩍 선생 골절 극복기 7-8주차

자, 지금부터 아래의 설명대로 한번 해 보자.

1. 양 손등을 붙이고 두 팔을 수평으로 만들 수 있는가?
   있다면 ok!

2. 엄지와 검지를 붙이고 물건을 집을 수 있는가?
   있으면 ok!

3. V를 만들 수 있는가?
   있으면 ok!

깁스 푼 지 2주 후의 현실은 손목이 다 구부러지지 않는다는 것이다. 엄지와 검지는 붙어도 힘이 없고, V 자를 만들면 손등이 아프다.

그런데 이 동작들이 안 되는 이유는 위팔과 아래팔의 근육이 뭉쳐서라고!

근육에 대한 상식이 부족한 현대인들을 위해 설명하자면 뼈는 지지대의 역할을 하고 그 지지대를 움직이는 것은 근육이다. 근육은 고무줄처럼 늘어나고 줄어들고 비틀리며 뼈를 움직인다. 뿐만 아니라 온몸의 근육은 뼈에 붙은 인대를 통해 모두 영향을 주고받는다. 몸의 중심에서부터 사지로 뻗어 가는 근육은 모두 연결되어 있는 것이나 마찬가지다. 그래서 손끝부터 어깨와 등 근육까지 모두 풀어야 이 동작들이 가능하다!

2017년 2월 25일

키위

뉴질랜드에 사는 키위새는 장닭만 한데
달걀보다 7배나 큰 알을 낳는다.
인간으로 치면 4살 난 아이를 낳는 것과
같다.
2017. 3. 16.

APTERYX AUSTRALIS

키위는 뉴질랜드에 사는 날지 못하는 새로, 여러 종이 있다. 그중 닭만 한 크기의 갈색키위
는 어미의 몸 크기 대비 가장 큰 새끼, 아니 알을 낳는 동물이다. 아무리 새라도 사냥을 하
거나, 포식자로부터 도망치거나, 먹이를 찾아 이동해야 하는 확실한 목적이 없으면 날지 않
는다. 비행에 너무 많은 에너지가 들기 때문이다. 만약 주변에 자신을 잡아먹는 천적이 없
고 자신보다 몸집이 작은 먹잇감이 널려 있다면 새는 나는 것을 포기하고 몸집을 늘린다.
그렇게 하는 것이 생존에 더 도움이 되기 때문이다. 에뮤나 화식조, 또 다른 포식자들보다
터무니없이 작을 뿐 아니라 조상들이 날기를 포기한 탓에 날 수도 없는 키위는 그 사이에
서 살아남기 위해 땅속에 숨었고, 적이 드문 밤에만 나와 활동하는 야행성을 선택했다. 다
른 새처럼 많은 알을 낳아 그 가운데 몇 개만 살리는 전략도 포기했다. 대신 뱃속에서 키울
수 있는 만큼 다 키운 알을 하나만 낳기로 결심했다. 알을 낳기 직전 키위의 배는 거의 땅에
닿을 정도다. 때문에 어미는 먹지도 못하고 움직이지도 못한다. 그래도 확실하게 하나만
낳아서 키운다는 것이 성공 전략이었는지, 멸종하지 않고 잘 살고 있다.

———————

토끼

'피터 래빗'으로 유명한 토끼 종족은
오줌의 산성도가 PH9에 이를 만큼
강산성이라, 영명이를 듣지 않고
오줌을 눠(서) '분뇨에 의한
열상'을 입기도 한다.
　　2017. 3. 17.

LEPORIDAE

커다란 앞니 두 개는 토끼의 상징이다. 그러나 토끼의 입을 벌리고 잘 살펴보면 위아래에 두 개씩 네 개의 이가 있다. 윗니 두 개 뒤쪽에는 또 다른 이 두 개가 겹쳐 나 있어 토끼의 이는 모두 여섯 개다. 토끼는 동글동글한 환약 같은 똥을 싸는데 흥미롭게도 자기가 눈 똥을 바로 다시 먹는다. 그 이유는 똥 속에 아직 소화되지 않은 단백질이 풍부하게 들어 있을 뿐 아니라 소화를 돕는 미생물이 들어 있기 때문이다. 토끼는 자기가 눈 똥을 다시 먹음으로써 영양가와 속을 편하게 해 주는 자연 소화제를 함께 복용하는 효과를 누린다. 동물 중에는 미생물을 주기적으로 섭취하기 위해 자신의 똥을 먹는 경우가 많이 있다.

———————

나무늘보

나무늘보에게
히비스커스 꽃은
초콜릿과 같다.

2017. 3. 18.

BRADYPODIDAE

디즈니 애니메이션 〈주토피아〉에서 과속으로 차를 몰아 '느려 터졌다'는 편견을 깨려고 애
쓴 '플래시', 그가 바로 나무늘보다. 나무늘보는 근육량이 너무 적어 빠르게 움직일 수 없
다. 그래서 거의 정지 화면 상태로 나무에 붙어 산다. 갈고리처럼 생겨 나뭇가지에 턱 걸칠
수 있는 발톱은 나무 위 생활에 최적화되어 있다. 나무에 매달려 살기 때문에 다른 포유류
와 달리 털이 위쪽(머리 쪽)으로 난다. 털에는 이끼가 자라 원래 갈색인 나무늘보가 초록색
으로 보이기도 하는데 이는 훌륭한 보호색이 된다. 이끼에 사는 박테리아는 나무늘보가 털
을 핥을 때마다 장으로 들어가 소화를 도울 뿐 아니라 부족한 미량의 영양소가 되어 준다.
나무늘보는 소화력이 너무 약해 먹은 것을 소화하는 데 한 달 이상이 걸리며 이들 몸무게
의 3분의 2는 소화 과정에 있는 음식이다. 이러니 빠릿빠릿 움직일 수 없는 것이다. 귀여운
모습과 잉여로워 보이는 삶 때문에 인기 만점인 나무늘보는 사실 그렇게 살 수밖에 없는
신체 구조를 가지고 있다. 나무늘보처럼 살고 싶은가? 이번 생은 포기하고 다음 생으로!

————

오리너구리

오리 같기도 하고 너구리)
같기도 한 오리너구리는
겨울이 되면 꼬리가 퉁퉁하고
넓적해지는데
꼬리에 지방을 축적해서
그렇단다.
2017. 3. 19.

ORNITHORHYNCHUS ANATINUS

〈포켓몬스터〉의 캐릭터 중 하나인 '고라파덕'의 모델인 오리너구리. 사람들은 오리너구리를 두고 오리도 아니고 너구리도 아니라고 하는데 그건 옳지 않다. 그들의 이름이 왜 오리너구리이겠는가. '오리이기도 하고 너구리이기도 하다'라고 해야 옳다! 너구리, 곧 포유동물로 보이는 이 신기한 동물은 오리처럼 알을 낳는다. 그런데 알에서 태어난 새끼가 젖을 먹는다. 어미에게는 젖꼭지가 없고 젖샘만 있는데 이것은 땀샘보다 조금 더 큰 정도라 젖이 질금질금 솟아난다. 새끼는 이 빈약한 젖을 핥아 먹으며 성장한다. 우리가 아는 포유류와 조류에 관한 상식은 이 신비한 동물을 이해하기에 너무나 편협하다. 겨울이 오면 꼬리에 지방을 축적해서 꼬리가 넓적하고 두툼해지는데 이걸 본 인간들은 '나도 대신 살 쪄 주는 꼬리가 있으면 좋겠다.'는 헛된 꿈을 꾸기도 한다. 수컷에게는 포유류에게 드문 맹독을 내뿜는 발톱이 있는데, 잘못해서 이 독에 쏘이기라도 하면 독이 몸에서 다 빠져나갈 때까지 극심한 통증과 마비에 시달려야 한다. 지구상에서 오직 호주에만 살며 멸종 위기 동물이다.

———————

박쥐

관박쥐 (Greater horseshoe bat)는
코 주변의 주름구조 에서
초음파를 발사한다는 것을
너희는 몰랐을 거다.
2017. 3. 20.

CHIROPTERA

포유류 가운데 날 수 있는 유일한 동물. 그러나 이들의 날개는 깃털 달린 새와는 좀 다르다. 우리가 흔히 날개라고 부르는 것은 박쥐의 피부가 얇게 늘어난 막이며, 이 막을 우산처럼 지탱하는 것은 길게 늘어난 앞발가락이다. 사람들은 이쪽 편을 들었다 저쪽 편을 드는 기회주의적인 사람에게 '박쥐 같다'고 말하곤 하는데, 그게 다 포유류이면서 날 수 있는 박쥐의 능력을 시기해서 그렇다. 박쥐들은 크고 힘센 포유류가 낮에 활보하는 동안 어두운 곳에 숨죽이고 있다가 그들이 잠드는 시간에 나와 작은 벌레나 동물을 잡아먹는다. 어두운 곳에서 활동하자니 눈이 아닌 초음파라는 최첨단 감각기능을 사용하는 방법을 터득할 수밖에 없었다. 인간은 그 소리를 들을 수 없으니 시끄러울 일도 없다. 박쥐의 형상을 본뜬 '배트맨'이라는 영웅도 있는데 그 영웅이 부잣집 도련님이라는 설정을 보면 역시 사람들은 박쥐의 나는 능력과 빛 없이도 볼 수 있는 능력을 부러워하는 것이 맞다.

바실리스크도마뱀

이지유

사람도 시속 120Km로
물 위를 달리면
바실리스크 도마뱀처럼
물 위를 뛰어갈수 있다.

2017. 3. 22.

BASILISCUS PLUMIFRONS

물 위를 걸을 수는 없을까? 소금쟁이처럼 가벼운 곤충은 물의 표면이 밀어내는 힘이 있는 것을 이용해 물에 뜨기도 하지만 그러기엔 너무나 무거운 동물이 물 위를 걸어가려면 어떻게 해야 할까? 이와 같은 질문을 자유로운 영혼의 소유자들인 어린이들에게 던진다면 그들은 이구동성으로 "아주 빨리 뛰어가면 돼요!"라고 답할 것이다. 그런데 그게 정답이다. '예수 도마뱀'이라는 별명을 가지고 있는 바실리스크도마뱀은 뒷발을 보이지 않을 정도로 빨리 움직여 잔잔한 물 위를 뛰어간다. 사람이 이 흉내를 내려면 고속도로를 달리는 차와 같은 속력으로 뛰어야 한다. 그러나 이 도마뱀은 직선으로는 잘 뛰어도 방향을 틀지는 못해서 가다가 장애물을 만나면 그냥 들이받고 벌러덩 넘어진다. 직선 주행과 코너링 모두에 강한 것은 아닌 모양이다.

———

북극곰

북극곰의 학명은 Ursus maritinus,
곧 '바다의 곰' 이라는 뜻으로
육지에서 태어나지만
생애 대부분의 시간을 바다에서
보내는 '해양 포유류'다!
 2017. 3. 23.

URSUS MARITINUS

북극의 최강자 북극곰. 사람들은 북극곰이 육지에서 사는 줄 알지만 이들은 대부분의 시간을 바다에서 보내는 해양 포유류다. 당연히 수영도 잘 한다. 암컷만 겨울잠을 자는데, 늦가을 얼음에 굴을 파고 겨울잠에 빠진 암컷은 자는 사이 새끼를 낳고 잠깐씩 깨서 젖을 먹인다. 봄이 와서 겨울잠에서 깬 암컷은 몸무게가 거의 절반 또는 사분의 일까지 줄어든 상태다. 빨리 무언가를 먹지 않으면 새끼들을 돌볼 수 없다. 반면 수컷은 겨울 내내 얼음에 뚫린 구멍을 쳐다보며 지낸다. 그 구멍으로 바다표범이 숨을 쉬러 나올 때 잡으려는 계산이다. 바다표범은 얼음에 뚫린 수많은 구멍 중 번갈아 가며 골라 숨을 쉬러 나오기 때문에 북극곰의 입장에서는 한 구멍만 지키는 것이 효율적이다. 괜히 이 구멍 저 구멍 기웃거리다가 한 마리도 못 잡을 수도 있으니 말이다.

———————

샴투어

삼투어(鬪魚)는 거품을 만들고
알을 하나하나 넣어
부화할 때까지 기다린다.
물론 수컷이!

2017. 3. 25.

BETTA SPLENDENS

원래 이름은 베타. 동남아시아에 살던 매우 전투력이 강한 물고기. 논두렁 사이의 좁은 물가에 살기 때문에 자신의 영역을 지키는 데 최적화되어 있다. 자기 영역 안에 들어오는 모든 개체와 싸우는 매우 호전적인 물고기다. 인간들은 베타의 이런 기질을 이용해 투전판에 이 물고기를 내세우는데, 그래서 샴투어(싸우는 물고기)라는 별명이 생겼다. 또한 인간들이 화려한 지느러미를 가진 것을 선호해 선택 교배시키기 때문에 샴투어는 지느러미의 색과 모양이 제각각이다. 샴투어의 수컷은 물 표면에 거품을 만들고 그 거품에 알을 하나하나 넣어 3주간 정성스럽게 보살핀다. 그러나 알에서 새끼가 나오면 그때부터 수컷은 새끼를 자신의 영역에 들어온 또 다른 경쟁자로 인식하고 바로 쫓아낸다.

———

범고래

범고래는 전세계에
여러 부족이 있으며
각기 다른 언어를 쓴다.

2017. 3. 28

ORCINUS ORCA

범고래는 정말로 놀라운 동물이다. 몸길이 9미터, 몸무게 5톤에 육박하는 이 해양 포유류는 50여 마리가 모여 모계 사회를 이루며, 사는 지역에 따라 겉모습이 조금씩 다르고, 쓰는 언어도 다르다. 인간들은 이 고래들을 열심히 스토킹해서 이들이 먹는 물고기의 이름을 어떻게 부르는지 밝혀낸 것은 물론, 배가 고프지 않을 때는 무엇을 하며 노는지도 파악하고 있다. 이들은 얕은 물 바닥에 있는 자갈에 배를 문지르며 노는 문화를 가지고 있으며, 몸이 불편해 사냥을 하지 못하는 범고래를 무리에 받아들여 먹이를 나누어 먹는 등 수준 높은 사회성을 보여 준다. 더 놀라운 것은 어떤 동물이든 잡아먹거나 괴롭히지만 인간에게는 절대 그러지 않는다는 것. 특별히 인간을 좋아해서라기보다 인간들이 범고래를 무자비하게 죽였던 과거를 기억하고 있기 때문이라고 보는 것이 옳겠다.

———

큰개미핥기

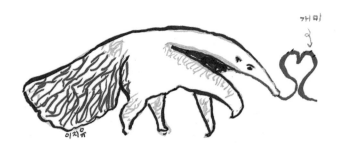

개미

이지유

큰개미핥기의 혀는 혀뿌리가
가슴에 있고(엄청 길다)
1분에 160번이나
날름대며 개미를 잡는다.
2017. 3. 29.

MYRMECOPHAGA TRIDACTYLA

나무늘보아목에 속하는 포유류로, 앞발의 모양이 나무늘보와 비슷하다. 안쪽으로 굽어진 발톱이 예리하고 강력해 이 발로 개미집을 부순 뒤 개미들이 우르르 몰려나오면 끈끈한 점액이 붙은 혀로 잡아먹는다. 개미핥기의 혀뿌리는 가슴 부분에 있고 이는 매우 탄력 있는 고무줄 같아서 아주 빠른 속도로 뻗을 수 있다. 오로지 개미를 잡아먹기 위해 입과 혀가 진화한 덕분에 이들은 하루에 3만 마리 이상의 개미를 먹어 치울 수 있다. 개미핥기와는 전혀 다른 집안의 동물인 천산갑 역시 혀를 길게 빼고 개미를 잡아먹는데, 이들은 조상의 뿌리가 다름에도 개미를 잡아먹겠다는 일념으로, 개미핥기와 거의 같은 기능의 혀를 가지게 되었다. 이 지구상에 개미가 사라지지 않는 한, 또는 개미의 모습이나 습성이 달라지지 않는 한, 이들은 계속 1분에 160번씩 혀를 날름대며 개미를 잡아먹을 것이다.

————

별번쩍 선생 골절 극복기 8-10주차

 오른손잡이가 오른손을 못 쓰면 문자, 소셜 미디어, 원고 등을 어떻게 쓸까?

 음성 인식 기능을 쓰면 된다. 1분 1초도 스마트폰과 떨어지지 않으면서도 스마트폰의 기능을 제대로 이용하지 못하는 현대인들을 위해 또 다른 설명을 하자면 현대 과학 기술은 정말 놀랍다.

 내가 쓰는 아이폰에는 말을 하면 그것을 문자로 바꾸어 저장하는 메모 기능이 있다. 메모장을 열고 가만히 들여다보면 마이크 표시가 보일 텐데 그걸 누른 다음 말을 하면 스마트폰에 내장된 인공지능이 알아서 글로 바꾸어 준다.

 음성 인식 기능도 일종의 인공지능이기 때문에 내 발음이 좀 부정확해도 그와 비슷한 단어를 찾아서 채우는 것은 물론, 나중에는 내가 잘 쓰는 단어까지 기억해서 촉촉 태운다. (이게 아니지) 아니, "척척 끼운다." 아니, "끼워 넣는다." 이런 경우들이 있기 때문에 음성 인식 기능으로 글을 쓴 뒤에는 반드시 다시 보며 수정을 해야 한다.

 그런데 우리나라 사람들은 음성인식 기능으로 메시지를 기록하

거나 보내는 것을 좋아하지 않는다. 문자는 많이 쓰면서 음성 메시지는 거의 남기지 않는다. 외국 사람들도 이걸 이상하게 생각한다. 내 친구들의 의견에 따르면 한국 사람들이 상대방의 이야기를 끝까지 듣는 것에 익숙하지 않아서인 것 같다는데, 꽤 설득력이 있는 말이다.

나처럼 오른팔이 부러진 경우가 아니라도 해도 음성인식 기능을 일단 한번 써 보라고 권하고 싶다. 우리 가족끼리는 텔레그램이라는 소셜 미디어를 사용하는데, 여기서 음성인식 기능을 쓰면 예상치 못했던 즐거운 일들이 생긴다.

또 이 기능을 자꾸 쓰다 보면 말로 표현하는 기술이 는다.

나를 표현하는 방법은 많을수록 좋다.

2017년 3월 15일

악어

이지유

악어알은 30℃ 보다 낮은
곳에서는 암컷이,
34℃ 보다 높은 곳에서는 수컷이
태어난다.
이들에겐 성염색체가
없다!

  2017. 4. 1.

CROCODILIA

앨리게이터, 크로커다일, 카이만. 이게 모두 악어의 이름이다. 앨리게이터속에 속하는 악어들은 위턱이 넓어 아랫니가 윗니 안쪽으로 모두 들어간다. ≪허클베리핀의 모험≫에 나오는 미시시피악어와 플로리다 주의 한적한 도시에 가끔 출몰해서 사람들을 경악하게 만드는 악어가 앨리게이터이며, 애니메이션에 자주 등장하는 눈이 큰 카이만 역시 앨리게이터에 속하는 악어다. 크로커다일은 위턱이 좁아 아랫니가 밖으로 돌출해 이빨이 위아래로 삐죽삐죽 튀어나온다. 이집트의 흥망성쇠를 모두 지켜본 나일악어와 인도의 늪지대에 살면서 인도 문명을 조용히 구경한 인도악어가 크로커다일 집안에 속한 악어들이다. 위아래 턱이 매우 좁아 마치 기다란 집게같이 맞물리는 가비알악어도 있다. 종류를 막론하고 악어의 아름다운 피부는 인간의 가방, 지갑, 허리띠 등의 재료로 쓰이지만 가장 아름다운 악어는 살아 있는 악어다.

———————

멧돼지

이지위

아기 멧돼지는 밝은 줄무늬를
가지고 태어난다.
이건 "나는 아기니까
잘 돌봐!" 이런 뜻이다.
2017. 4. 2.

SUS SCROFA

사슴, 멧돼지, 타조 등 많은 동물의 새끼는 어미에게는 없는 독특한 무늬를 가지고 태어난다. 줄무늬, 점무늬 등 형태가 다양한데 이런 무늬는 성체가 되면서 사라진다. 주로 무리를 지어 사회 활동을 하는 동물의 새끼들에게 무늬가 많은데 이건 '내 새끼 네 새끼 가리지 말고 돌봐 주자'는 무언의 약속 같은 거다. 무리 지어 다니는 동물은 무늬가 있는 동물, 즉 새끼들을 무리 가운데 몰아 두고 보호한다. 아무리 사나운 육식 포식자라도 덩치 크고 경험이 많은 성체가 지키는 무리에게는 함부로 달려들지 않는다. 실제로 야생에서는 늑대나 사자라도 산양이나 기린에게 쫓기다 발로 채여 큰 부상을 입거나 죽는 경우도 있다. 아이 하나 키우는 데 온 마을이 필요하다는 말은 사람에게만 적용되는 것은 아닌 듯하다. 이것 또한 동물에게 배워 온 것이 아닐까.

———

사막여우

체온을 식히는 커다란 귀를 가진
사막여우는 워낙 인물(?)이 좋아
뽀로로, 어린 왕자, 주토피아 등에
출연했는데 온순한 성격 탓에
모두 조연이다.

2017. 4. 3.

VULPES ZERDA

아주 오래 전 늑대와 여우가 분리되던 때 생겨난 종으로, 건조하고 더운 사막에서 아주 오래 살아남은 동물이다. 더운 곳에 사는데도 땀을 흘리지 못하는 이 가여운 동물은 열을 식히기 위해 얼굴보다 큰 귀를 만들었다. 그 전략은 매우 성공적이어서 귀를 몇 번 펄럭이거나 바람 부는 곳에 잠시만 있어도 모세혈관을 지나가는 혈액의 온도가 조금 낮아진다. 체구는 2킬로그램을 넘지 않을 정도로 작기 때문에 덩치 큰 동물을 피해야 한다. 자연히 막나서거나 하는 적극적 성격을 가지지 못했고 매우 예민하고 몸을 잘 사린다. 그런데 이 작은 몸집과 큰 귀의 대비, 작아 보이는 얼굴로 인해 인간들에게 '귀엽다'고 인식되어 비싼 값에 거래가 되고 반려동물로 키워지기도 한다. 하지만 알고 보면 〈세계자연보호연맹(IUCN)〉에서 정한 관심보호종으로, 지금처럼 함부로 대하면 멸종될지도 모르는 매우 희귀한 동물이다. 막 사고 팔아선 안 된다.

———

송골매

달에 간 스콧선장은
망치와 깃털을 떨어뜨리는
실험을 하고는
송골매의 깃털을 안 챙겨 왔다.
2017. 4. 4.

FALCO PEREGRINUS

새의 중요한 신체의 일부인 깃털은 우리 몸에 난 털, 파충류나 물고기의 몸에 있는 비늘처럼, 피부가 변형되어 각자의 삶에 도움이 되도록 생겨난 것이다. 깃털이라고 해서 다 같은 게 아니다. 날 수 있는 새의 깃털과 날지 못하는 새의 깃털은 서로 다르다. 송골매처럼 빠른 속도로 나는 새의 깃털은 날개 깃의 좌우가 비대칭이며 결깃이 촘촘히 있어 바람 샐 틈이 없다. 그래야 유체역학을 이용해 하늘을 날 수 있기 때문이다. 타조처럼 하늘을 날지 못하는 새들은 깃털이 보푸라기처럼 가볍고 딱 보기에도 전혀 날 수 없을 것처럼 생겼다. 날지는 못해도 공작처럼 아름다움을 과시하는 데 깃털을 사용하기도 한다. '아폴로 15호'를 타고 달에 간 송골매의 깃털과 망치는 '진공 상태에서는 깃털과 망치를 같은 높이에서 떨어뜨렸을 때 동시에 바닥에 닿는다'는 실험에 참여했다. 이 실험 후 너무나 할 일이 많았던 스콧 선장은 깃털과 망치를 달에 두고 왔다.

———

바다표범

바다표범의 꼬리는
꼬리가 아니다.
2017. 4. 5.

PHOCIDAE

동그란 머리와 통통한 몸 때문에 멀리서 보면 귀여운 느낌이지만 종에 따라 몸길이 2~4미터에, 몸무게는 300~400킬로그램이 넘는 거구로, 괜히 그 옆에 있다간 깔려 죽을 수 있다. 바다표범은 바다에서 수영을 하는 데 최적화된 유선형 몸을 만들고 차가운 바닷물에 체온이 빼앗기는 것을 막기 위해 다리를 몸속에 넣고 지낸다. 발가락은 각각 5개씩 있는데 엄지발가락과 새끼발가락이 길고 나머지 세 개는 짧으며 그 사이에 피부가 막으로 덮여 있어 마치 꼬리지느러미처럼 보인다. 상황이 이러하다 보니 물속에서는 자유자재로 빠르게 헤엄치며 유선형 몸매를 과시하지만 육지에서는 배를 땅에 댄 채 애벌레가 기어가듯 꾸불텅 꾸불텅 기어간다. 이름이 말해 주듯 몸에 표범과 같은 얼룩무늬가 있지만 새끼는 하얗고 얼룩무늬가 없다. 남극에 사는 바다표범의 주요 먹이는 펭귄. 펭귄 역시 체온의 손실을 막기 위해 다리를 몸속에 넣고 다닌다.

———————

향고래

모비 딕으로 잘 알려진 향고래는
꼿꼿이 서거나 물구나무를 선 채
잠을 잘 뿐 아니라
꿈도 꾼다.

2017. 4. 6.

PHYSETER MACROCEPHALUS

고래는 크게 이빨이 있는 것과 없는 것으로 나눈다. ≪모비딕≫이라는 소설에 저주 받은 무시무시한 캐릭터로 발탁되어 일약 스타덤에 오른 향고래는 이빨이 있는 고래 가운데 가장 큰 고래다. 머리 앞부분에 밀랍이 들어 있는 커다란 공간이 있어 머리가 네모 모양으로 뭉툭하게 보인다. 한때 인간들은 이 기름을 가지고 밤을 밝히는 등불에 쓰기도 했는데, 그 탓에 고래들이 떼죽음 당하는 슬픈 일이 벌어졌다. 동물에 대한 각별한 호기심과 사랑을 가진 인간들이 이 고래를 끈질기게 따라다닌 결과, 이 거대하고 아름다운 동물은 우리의 예상과 달리 꼿꼿하게 서거나 물구나무를 선 채로 잠을 잔다는 사실을 알아냈다. 그런데 가만히 생각해 보면 이건 그리 놀라운 일이 아니다. 인간이 평소에 서서 생활하다 90도 기울어져 누워서 잠을 자는 것처럼 평소에 수평으로 생활하는 고래들은 90도 기울여 서거나 물구나무를 서서 자는 것이 합리적인 것이다.

타조

자칼 ↗

서열 1위 암타조는 서열이 가장
낮은 암타조의 알을
자칼에게 제물로 준다.
2017. 4. 7.

STRUTHIO CAMELUS

타조의 학명은 Struthio camelus, camelus는 '낙타'라는 뜻으로 타조는 조류계의 낙타다. 타조의 긴 목은 사막 생활에 딱 맞다. 타조는 목이 길기 때문에 숨을 내쉴 때 숨 속에 포함된 습기를 재흡수할 수 있다. 또한 긴 목 덕분에 키가 2.5미터에 이르고 청각과 시각이 좋아 천적인 사자, 치타, 악어가 오는 것을 재빨리 알아차리고 도망친다. 다리 또한 길어 한 번 발을 뗄 때마다 5미터씩 이동할 수 있다. 타조의 위압적인 발차기에 맞기라도 하면 제아무리 백수의 왕이라도 큰 부상을 입기 때문에 성체가 된 타조는 절대 잡아먹히지 않는다. 다만 새끼들은 도망치는 데 익숙하지 않아 종종 희생양이 되기도 한다. 하이에나나 자칼은 몸집이 작아 새끼든 성체든 타조를 사냥하지는 않는다. 대신 하나만 훔쳐도 하루 영양을 거뜬히 채울 수 있는 타조 알을 노린다. 거대한 타조의 알은 척박한 사막에 사는 많은 동물의 영양원이다.

꿀벌

꽃가루를 붙이기에 최적화된
털이 온몸에 난 벌은
눈에도 털이 있다!

2017. 4. 9.

APIS

꽃을 전전하며 꿀을 모으는 꿀벌은 사는 지역에 따라 겉모습과 성격이 다르다. 사계절이 있는 온난한 지역에 사는 꿀벌은 성격이 순하고 느긋하며 그리 오랜 시간 일하지 않는다. 사방에 꽃이 많아 조금만 일을 해도 꿀을 충분히 모을 수 있기 때문이다. 그러나 아프리카처럼 건조하고 꽃이 별로 없는 곳에 사는 꿀벌은 해가 떠 있는 내내 일해야 하므로 강인한 체력과 성실함을 지니고 있다. 힘들게 모은 꿀을 빼앗기는 경우가 많아 조금이라도 위협이 되는 동물에게는 무조건 침을 날릴 만큼 사납다. 만약 이 성실한 아프리카 꿀벌이 유럽 꿀벌의 온화한 성격을 지닌다면 어떨까? 이런 생각을 한 브라질의 곤충학자 워릭 에스테팜 커 Warwick Estevam Kerr는 1950년대에 생산성이 높으면서도 온순한 아프리카 꿀벌을 만들어 중미의 농가에 보급하기 위해 아프리카 꿀벌과 유럽 꿀벌을 교배시켰다. 그러나 커는 '일은 조금밖에 안 하고 흉폭하기 그지없는' 살인 벌을 만들고 말았다. 지금도 아메리카 대륙에서는 한 해에 수십 명에 이르는 사람들이 살인 벌에 쏘여 죽는다. 그래도 커를 비롯한 곤충학자들이 살인 벌의 벌통을 없애고 순한 벌과 교배를 꾸준히 시켜 많이 순해졌다고 한다. 무지한 인간들이 생명에 함부로 손댈 일이 아니다.

구아나코

Guanaco
'안데스의 낙타'라 불리는 구아나코의
필살기는 침 뱉기로,
2m나 뻗어 가는 초록색 침을
한방 맞으면 목이 휠커덩
넘어 간다.
2017. 4. 12.

LAMA GUANICOE

'동물의 왕국'이라고 하면 아프리카를 떠올리는 사람들이 많지만 동물은 지구상 어디에나 살고 있다. 남아메리카의 안데스산맥 같은 고원지대에는 그곳의 자연환경에 안성맞춤으로 진화한 동물들이 독립된 생태계를 이루며 산다. 구아나코는 '안데스 고원의 낙타'라 할 수 있는데, 실제 얼굴도 낙타와 비슷하다. 이곳에 사는 인간들은 구아나코를 길들여 짐 나르는 일을 시킨다. 구아나코는 매우 독특한 방법으로 자신이 최고의 수컷임을 증명한다. 그 것은 바로 침 뱉기다. 이들의 구강 구조는 짧은 순간 뺨 근육을 움직여 침을 곧바로 멀리 보낼 수 있다. 뭔가 우습긴 하지만 긴 목을 망치처럼 휘두르는 기린이나, 똥의 양과 입의 크기로 힘겨루기를 하는 하마나, 3개월 내내 다른 수컷과 싸워야 하는 사향소를 본다면, 침 뱉기가 체력 소모를 최소화한 힘겨루기라는 데 동의할 수밖에 없다.

톱가오리

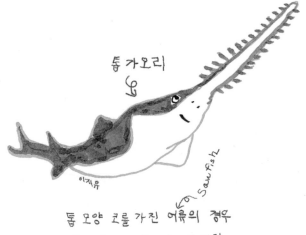

톱가오리

이지유

Saw Fish

톱 모양 코를 가진 어류의 경우
톱의 용도는 무기가 아니라
물결의 흐름을 최소화해
사냥감에게 들키지 않으려고
저런 이상한 톱을
달고 다닌다는 거냐? -.-
2017. 4. 13.

PRISTIDAE

흔히 우리가 톱상어라고 알고 있는 것은 톱가오리다. 인간은 이 톱이 다른 물고기를 공격하는 무기라 여겼으나 그러기엔 석연치 않은 구석이 많다. 톱가오리는 무시무시한 외모와 달리 공격적이지 않으며 이빨이 달린 긴 위턱 때문에 큰 먹이를 먹지도 못한다. 먹지를 못하는데 공격해서 뭐한단 말인가? 더군다나 톱가오리 새끼는 톱 주둥이를 가지고 태어나는데 다행히 이빨에 보호 캡이 씌워져 있어 출산을 하는 암컷이 고통 받는 일은 없다. 하지만 이렇게까지 톱주둥이를 가져야 하는 이유는 뭘까? 과학자들은 이 톱이 사냥을 위한 것이 아니라 유체역학을 잘 이용해 이동할 때 물결의 흐름을 최소화하기 위한 것이라는 사실을 밝혀냈다. 톱 주둥이는 공격할 때 쓰는 것이 아니라 먹잇감에게 다가갈 때 들키지 않는 데 필요하다는 것이다. 이렇게 생존을 위해 애쓰는 톱가오리들도 인간들이 쳐 놓은 그물에 걸려 죽으니 역시 인간이 최대의 적이다.

―――――――――

고양이

캔 can 을
가져와라!

← 사료

애묘는 먹고살기 위해 아무런
경제활동을 안 하는 것처럼 보여지만
언어감각이 부족한 닝겐을
끊임없이 교육시켜야 하므로
역시 세상에 공짜란 없는 것이다.
2017. 9. 15.

FELIS SILVERSTRIS CATUS

인간들을 모두 집사라는 이름의 노예로 만들어 버린 대단한 동물, 고양이. 호랑이, 사자와 같은 대형 고양잇과 동물들이 야생의 자연에서 사냥하느라 에너지를 다 쓰고 있을 때 고양이들은 인간의 심리를 잘 이용하면 사냥을 하지 않아도 먹고살 수 있다는 사실을 터득했다. 수천 년 전 이집트 근처에 살던 고양이들은 곡식 창고에 출몰하는 쥐를 잡으면 인간들의 관심을 끌 수 있다는 사실을 알았는데 '일거양득', '꿩 먹고 알 먹고', '누이 좋고 매부 좋고'에 해당하는 일이라 하겠다. 연골이 많은 이 육식동물은 몸이 부드럽고 유연해 머리만 빠져나가면 어떤 틈새라도 빠져나갈 수 있고 발바닥에 있는 자연 쿠션 덕에 소리 없이 지나다닐 수 있다. 안쪽으로 가시가 돋은 혀로 스스로 털을 고르기 때문에 목욕을 시키지 않아도 냄새가 나지 않는 것은 물론 스스로 훌륭한 외모를 유지한다. 아, 이러니 인간이 고양이를 주인으로 모시는 집사가 안 될 수 있나!

———————

별번쩍 선생 골절 극복기 9-12주차

    드디어 의사에게 물리치료를 끝내자는 소리를 들었다. 손목과 손가락 사이에 있는 여덟 개의 뼈가 모두 적당한 간격으로 유지되고 있으며, 살짝 무리를 하면(?) 멀쩡한 왼손처럼 손목을 앞뒤로 꺾을 수 있으므로 병원에선 더 이상 해 줄 일이 없다고 한다.

    그러나 아직 뼈가 다 붙지 않았고 근육과 인대, 신경이 완전히 복구된 것이 아니므로 주의할 점들이 있다.

    컴퓨터 작업과 그림 그리기, 피아노 치기는 30분에 한 번씩 휴식을 해야 하며 손목이 붓고 아플 경우 당장 중지하고 쉬어야 한다.

    2킬로그램 이상의 물건은 들지 말고, 웨이트 트레이닝은 한 달 후에 할 수 있다.

    팔굽혀펴기는 하면 안 된다.

    가장 기쁜 말은 운전을 해도 된다는 것.

    운전을 해도 된다!

오른손과 함께 발도 다시 돌아왔다.

이제 어디든 맘대로 갈 수 있다, 야호!

2017년 3월 31일

거미

거미는 거미줄을 날개 삼아
바람 부는 대로
자유롭게 날아간다.

2017. 4. 16.

ARANEAE

외계인이 지구에 와서 동물에 대한 연구를 한다면 "이 행성은 거미들의 행성"이라 할 정도로 수도 많고 하는 일도 많다. 많은 사람들의 오해와 달리 이들은 곤충이 아니며 거미강이라는 독립된 집안의 구성원들이다. 곤충과 달리 표본을 만들기 어려울 정도로 외피가 약해 위험에 노출될 염려가 많지만 이들에게는 거미줄이라는 사상 초유의 도구가 있다. 거미들은 거미줄로 먹잇감 사냥을 하고, 금방 먹지 않을 사냥감을 저장하는 고치를 만들기도 하고, 생활하는 집을 짓기도 하며, 알을 안전하게 보관하는 인큐베이터로 쓰기도 한다. 이게 끝이 아니다! 바람 부는 날 공중으로 거미줄을 날리면 거미줄에 매달려 하늘을 날 수 있는데 놀랍게도 이런 방법으로 바다를 건넌다. 섬에서 발견된 거미가 바다 건너 육지에 사는 종과 같다는 이야기는 더 이상 놀랄 이야기도 아니다. 물론 사막에 사는 거미는 긴 여덟 개의 다리를 공처럼 모아 굴러다니기도 하는데 비탈길에서는 이보다 좋은 도주 방법이 없다. 알면 알수록 놀라운 동물이다.

———

모나크나비

멕시코에서 태어난 모나크나비는
미국으로 가 자식을 낳고
그 자식은 더 북쪽으로 가 손자를 낳고
손자는 캐나다에 가서 증손자를
낳는데, 그 증손자들은 단박에
멕시코로 날아가 증조부가
태어났던 숲에 알을 낳는다.

2017. 4. 18.

DANAUS PLEXIPPUS

멕시코 서부 마초아칸에는 모나크나비를 보존하기 위해 전나무숲 전체가 자연보호 구역으로 지정된 곳이 있다. 이곳에선 나비가 무조건 왕이다. 봄이 되면 이곳에서 나비로 이루어진 거대한 구름이 형성돼 북쪽을 향해 날아간다. 이 나비들은 미국의 사막 근처에 있는 박주가리나무에 알을 낳고 이 나무가 꽃이 필 때 알에서 나비들이 깨어난다. 이 2대손들은 조금 더 북쪽에 있는 박주가리나무에 다시 알을 낳고 그 나무가 다시 꽃이 필 때 3대손이 깨어난다. 이들은 캐나다로 날아가 4대손을 낳는데 4대손은 1, 2, 3대손이 두 달씩 쉬엄쉬엄 온 길 2,500킬로미터를 쉬지 않고 날아서 몇 달 전 1대 조상들이 알을 낳았던 멕시코 마초아칸의 전나무숲으로 되돌아간다. 모나크나비가 돌아오는 초겨울은 마침 멕시코에서는 '죽은 자들의 날'이라는 집단 제사 겸 축제 시기라 이 불가사의한 나비들에게 소원을 빌며 신나게 논다.

———————

프레리독

공동 경비 체제를 갖춘 프레리독은
포식자의 종류, 색, 크기에 따라
다른 소리를 낸다.
2017. 4. 19.

CYNOMYS

북아메리카의 로키산맥 동쪽 대평원 지대에 넓게 퍼져 사는 동물로, 크기는 40센티미터 정도 되고 쥐와 개를 동시에 닮은 귀여운 외모를 가진 동물이다. 5백여 마리가 공동체를 운영하며 땅굴을 파고 살아가는데, 그 일대에 사는 모든 육식 동물이 이들의 적이라 공동 경비체계 구축에 상당히 신경을 쓴다. 돌아가며 경비를 서는데, 다가오는 포식자의 크기, 색, 개체를 부르는 이름이 다 다르다. 그렇다. 그들에겐 언어가 있다. 땅굴을 파고 사는 동물답게 수컷의 힘겨루기에 쓰이는 필살기는 상대방 파묻기. 누가 빨리, 그리고 많은 양의 흙을 파 상대방 굴 입구를 막느냐에 따라 승패가 갈리는데, 힘이 약한 프레리독은 그대로 땅에 묻혀 죽는다고 한다. 얼핏 보면 귀엽지만 뭔가 잔인하다. 산 채로 묻어 버린다는 뜻이잖아!

———————

치루영양

반지와 손가락 사이에 들어 갈 만큼
고운 털 때문에 멸종 위기에 놓였으나
베이징 올림픽 마스코트가 된 덕에
위기를 넘긴 치루영양(티베트영양)을
검색하면 이상한 게 나온다 ㅠㅠ
2017. 4. 21.

PANTHOLOPS HODGSONII

티베트의 고산지대에 사는 영양. 매우 추운 지방에 살기 때문에 촘촘하고 고운 털이 온몸에 나 있어 체온이 떨어지는 걸 막는다. 털 한 올이 손가락에 낀 반지 사이에 들어갈 정도로 곱다. 이 털을 가지고 캐시미어보다 더 부드러운 최고급 옷감인 샤투시를 만드는데, 그 탓에 인간들이 마구 잡아들여 멸종 위기에 처했다. 이 불쌍한 동물을 살린 것은 베이징 올림픽. 중국 정부는 대왕판다와 함께 치루영양을 올림픽 마스코트로 정하고 이들의 개체 수를 늘리는 데 노력을 기울였다. 그 노력이 어느 정도인가 하면 고산지대를 지나가는 철도를 만들 때 높은 교각을 세우고 그 위에 철로를 놓아 기차가 지나가도록 할 정도다. 그냥 철로를 만들면 치루영양이 먹이를 구하러 갈 수 없기 때문이다. 교각을 설치한 덕분에 치루영양은 그들의 조상들처럼 마음 놓고 풀을 뜯으러 다닐 수 있게 됐고, 그 결과 개체 수가 증가했다고 한다.

———

개구리

뛰어다니는 물덩어리 같은
개구리는 혈액에 당분이 엄청
많이 들어 있어 겨울잠을
자는 동안 얼어 죽지 않는다.

2017. 4. 22.

ANURA

양서류인 개구리는 물을 떠나서는 살 수 없다. 그런데 물은 영하로 내려가면 언다. 그렇다면 개구리들은 물이 얼지 않는 따뜻한 곳에서만 살까? 그렇지 않다. 기온이 영하로 내려가면 개구리는 간에서 글리코겐을 포도당으로 만들어 피 속에 풀어 심장과 간 등 중요한 기관은 얼지 않도록 하는데 그 농도는 무려 40퍼센트가 넘는다. 인간은 2퍼센트만 돼도 당뇨병에 걸린다. 겨울잠을 자는 개구리는 눈과 뇌까지 얼어붙어 거의 죽은 거나 다름없다. 게다가 몸 안에 있는 액체가 얼면서 뾰족한 바늘 형태가 되어 장기와 근육에 분포한 혈관을 찌른다. 다행인 것은 거의 동시에 얼기 때문에 찔려도 피가 나지 않는다는 것. 그러다 기온이 올라가 피가 돌기 시작하면 혈관에 난 구멍마다 피가 새어나와 개구리가 죽을 수도 있다. 하지만 그런 일은 일어나지 않는다. 날이 풀리면 개구리는 피에 단백질을 응고시키는 물질을 풀어 온몸으로 보낸다. 그러면 피떡이 생겨 해동과 함께 과다 출혈로 사망하는 것을 막을 수 있다. 개구리는 이렇게 다시 살아나서 폴짝폴짝 뛰어다닌다. 인간이 가진 '냉동 인간'의 꿈을 개구리는 이미 실현하고 있다.

아메리카나자카나

여기부터
발→

발가락→

이지우

아메리카나자카나 는 몸길이 대비
발이 가장 큰 지구동물로
사람으로 치면 키 180 cm 에
발길이는 110 cm 인 것과 같다.
2017. 4. 25.

JACANA SPINOSA

인간이 발로 걸어 다니기 때문에 다른 동물도 당연히 그럴 거라고 생각할지 모르겠다. 하지만 대부분의 동물들은 발가락과 발톱으로 걸어 다닌다. 새들을 자세히 보면 무릎이 있어야 할 자리에 무릎이 없고, 다리가 뒤로 꺾인 채 걷는 것을 볼 수 있는데 인간으로 치면 그건 발목이다. 그리고 정강이로 보이는 곳이 발 뼈이고, 바닥에 닿아 있는 부분이 발가락과 발톱이다. 소나 양같이 풀을 먹고 사는 동물은 물론 사자나 고양이같이 사냥을 하는 동물과 하늘을 나는 새들 대부분 발가락과 발톱으로 땅을 딛고 다닌다. 멸종한 동물 공룡도 발가락으로 땅을 디뎠다. 동물이 이러한 구조를 가진 이유는 뛸 때 사용되는 관절의 수가 많을수록 유리하기 때문이다. 스프링이 많이 감겨 있을수록 튀어 오르기 쉬운 것과 같다. 그렇다고 치더라도 아메리카나자카나처럼 발이 크다면 걸어 다닐 때 유리할지 잘 모르겠다.

———————

순록

썰매를 끄는 순록은 툰드라 순록,
툰드라 순록은 암수 다 뿔 있음.
수컷 뿔은 짝짓기가 끝나는 초겨울에
다 빠짐.
암컷은 임신했으므로 많이 먹어야
하므로 수컷을 쫓아내기 위해
뿔 보유.
따라서 루돌프는 암컷이다!

2017. 4. 27.

RANGIFER TARANDUS

순록이 지나가면 "딸깍" 소리가 난다. 뼈가 빠졌거나 부딪혔거나 뭔가 잘못된 것 같은 덜그럭 소리가 나는 것이다. 그건 순록이 다쳐서가 아니다. 무릎에서 나는 "딸까닥" 하는 소리는 무리를 잃어버리지 않도록 내는 일종의 '호루라기 소리' 같은 것이다. 순록이 사는 북쪽 지방에는 눈보라가 많이 친다. 심한 눈보라가 불면 내 코도 안 보인다. 친구를 부르려고 소리를 쳐도 들리지 않는다. 결국 순록들은 무릎에서 소리를 내기로 했다. 이들이 내는 "딸깍" 소리는 눈보라 너머 어디에 친구들이 있는지 알려 준다. 그렇다고 순록들이 목소리 내는 것을 아주 포기한 것은 아니다. 순록의 목에는 큰 공기주머니가 있어 제각각 다른 소리를 낸다. 어미와 새끼는 이 소리로 대화한다. 초겨울이면 저절로 빠지는 순록 수컷의 뿔은 작은 동물들에게 아주 귀중한 식량이자 비타민이다. 추운 지방에 사는 쥐나 토끼는 칼슘과 미네랄이 풍부한 순록의 뿔을 먹기 때문에 따로 보약이 필요 없다.

외뿔고래

왼쪽 앞니가 입술을 뚫고 나와 긴 엄니가
된 외뿔고래(일각고래),
엄니의 기능은 "음, 여기는 맛있는
가자미가 있는 곳이군!" 등을 느끼는
감각안테나!
인간들은 이 엄니를 무기로 여기는 모양인데,
너 같으면 2m나 되는 막대기를
입에 물고 휘두르고 싶겠냐? 물속에서!
2017. 4. 29.

MONODON MONOCEROS

'일각고래'라고도 불리며, 빙하가 둥둥 떠다니는 북극에 산다. 왼쪽으로 배배 꼬인 기다란 엄니 때문에 환상의 동물 유니콘을 상상하게 만든 장본인. 엄니란 동물마다 송곳니, 앞니, 어금니 등이 특히 크고 길게 나서 돌출된 이를 부르는 말이다. 수컷만 왼쪽 앞니가 길게 자라 뿔처럼 되었다고는 하는데 드물게 수컷 가운데 뿔이 두 개인 것도 있고 암컷인데도 뿔이 자란 것도 있다. 이가 부러진 개체와 몸에 상처가 있는 개체들이 있어 이 뿔을 무기로 쓴다고 믿었으나 이런 엄니를 가지고 있으면 부러지는 것은 당연히 일어날 수 있는 일이다. 그 옆에 있다가 긁히는 것 또한 피할 수 없는 일이다. 이 엄니는 지구에서 단 하나밖에 없는 복합 센서로 바다와 공기, 먹이에 관한 모든 것을 감지할 수 있다. 이런 중요성을 아는지 영국의 엘리자베스여왕은 1만 파운드를 주고 이 엄니를 구입했지만 그렇다고 그 뿔로 온도와 습도를 알 수는 없을 것이다.

———

투아타라

뉴질랜드에 사는 희귀 파충류
투아타라는 눈이 세 개다.
2017. 5. 1.

SPHENODON PUNCTATUS

뉴질랜드에서만 사는, 살아 있는 화석이라 불리는 희귀 파충류. 이구아나, 각종 도마뱀, 나아가 '공룡의 친척'이라는 소문까지 있는데 다 거짓말이다. 투아타라는 마오리족 말로 '가시 돋은 등을 가진'이라는 뜻이다. 매우 느리게 성장하며 10~20살이 넘어야 성적으로 성숙해 알을 낳을 수 있고 그것도 4년에 한 번만 낳는다. 수명 또한 길어서 111살에 아빠, 80살에 엄마가 된 투아타라도 있다. 대부분 100살을 훌쩍 넘기며 살아간다. 투아타라는 지구상에 있는 어떤 생물보다 진화가 빠르게 진행되고 있다는 사실이 DNA 분석 결과 알려졌다. 겉모습은 2억 4천만 년 전 공룡과 다른 길을 걷기 시작한 조상들과 같다고 하니, 진화란 겉모습에만 일어나는 것이 아니라는 점을 알려 주는 희귀한 동물이다.

투구게

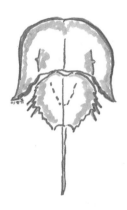

투구게의 파란 피는 예방주사 백신을
테스트하는 데 쓰이기 때문에 미국에서만
해마다 50만 마리의 투구게가 납치되어
강제로 피를 빼앗기는데 이 탓에 비료가 된
4억 5천 만 년 동안 잘 살아오던 투구게가
다 죽게 생겼다!
2019. 5. 4.

TACHYPLEUS TRIDENTATUS

무려 4억 5천만 년 전부터 지구상에 살아 있었던 투구게. 19세기 북아메리카에서는 인간들이 비료를 만들기 위해 투구게를 1년에 100만 마리씩 잡았다. 1960년대에 이르러서야 투구게를 대신할 비료를 개발해 이 가엾은 생물의 수난이 끝나는 듯했다. 그러나 투구게의 피가 백신을 테스트하는 데 유용하다는 것이 알려지면서 요즘은 1년에 50만 마리씩 잡혀가고 있다. 마치 투구를 쓰고 있는 듯한 모습의 이 살아 있는 화석은, 피를 이루는 헤모글로빈 중앙에 구리가 끼워져 있어 피가 파란색이다. 헤모글로빈에 대해 잘 모르는 현대인을 위해 설명하자면 인간을 포함해 대부분의 생물은 헤모글로빈 중심에 철분이 있어서 산소의 결합을 도우며 그 때문에 피는 붉은 색으로 보인다. 투구게의 파란 피는 병원균에 반응해 비교적 짧은 시간에 굳기 때문에 인간이 개발한 백신에 진짜 병원균이 들어 있는지 알아보는 데 쓰이고 있다. 놀랍게도 그 똑똑하다는 인간들은 아직도 투구게의 피를 대신할 물질을 만들지 못했다. 완전 바보들이다.

코알라

코알라도
지문이 있다!

2017. 5. 6.

PHASCOLARCTOS CINEREUS

학명이 '주머니 달린 곰'인 코알라. 외모가 곰을 닮아서 그런 이름이 붙었으나 앞에 달린 수식어가 말해 주듯 코알라는 캥거루처럼 새끼를 돌보는 육아낭이 있는 유대류다. 코알라의 새끼는 젖을 먹다 이유식을 할 시기가 오면 엄마의 항문에서 나오는 반쯤 소화된 유칼립투스를 받아먹는다. 다시 말해 엄마 똥을 먹는다. 그 똥 속에 유칼립투스를 소화시킬 수 있는 미생물이 있기 때문이다. 유칼립투스는 코알라의 유일한 먹이로, 호주의 해안가와 사막 사이에 좁은 띠를 형성하며 숲을 이루고 있다. 이 숲은 건조한 사막 바람이 불어올 경우 불이 나기 쉬운데 코알라는 움직임이 느려서 빨리 도망치지 못해 불에 타 죽는다. 불이 꺼진 후에는 먹을 것이 없어 굶어 죽는다. 뿐만 아니라 코알라의 털가죽을 탐내는 인간들 때문에 현재 멸종 위기에 처했다. 유대류로는 유일하게 지문이 있는 동물로, 지문은 나무 가지를 잡을 때 마찰력이 커져서 좀 더 쉽게 나무에 오르도록 도와준다.

기린

이자유

기린은 태어나자 마자
180 cm다~!
2017. 5. 8.

GIRAFFA

다 자라면 5미터에 이르는 장신 동물. 다리 길이만 2미터나 되기 때문에 기린들이 뛰기 시작하면 온 천지가 울리고 모래 먼지가 일어나 영화 〈쥬라기 공원〉이 따로 없는 장관이 펼쳐진다. 키의 절반 이상이 목의 길이일 정도로 목이 길지만 목뼈의 개수는 인간과 같은 7개다. 새끼는 태어나자마자 땅에 툭 떨어지는 경우도 있는데 놀랍게 바로 일어나 걷는다. 긴 다리는 최고의 공격 수단이다. 기린의 발차기에 살아남을 동물은 없다. 실제로 새끼를 잃은 부모 기린이 사자를 쫓아가 앞발로 찍어 눌러 복수하는 일이 있었다. 물론 그 사자는 죽었다. 기린의 수컷은 머리와 목을 망치를 매단 줄처럼 휘둘러 서열을 정하는데, 2~3미터에 이르는 목을 휘두르면 그 힘이 엄청날 수밖에. 상대방의 머리에 맞은 기린이 기절하기도 한다. 참 신비로운 동물의 세계다.

———————

왼손에 펜을 쥐면 오른손으로 무언가를 그리려고 마음먹을 때와
는 전혀 다른 부분이 작동한다. 왼손은 힘이 없어 어떻게든 빨리 끝
내야 하기 때문에 대상의 특징을 잘 파악해 그것만 그려야 한다. 안
그러면 사람들이 뭘 그렸는지 못 알아본다.

나는 내가 닭을 그리려고 마음먹었을 때 엄청나게 많은 닭 사진
을 열심히 보고 있다는 것을 깨달았다. 그리고 알아낸 것은 붉은 벼
슬과 턱 늘어짐을 그리면 나머지는 대충 그려도 닭으로 본다는 사
실이다. 심지어 꼬리를 무지개색으로 칠했는데도 사람들은 닭이라
고 판단한다.(그게 첫 번째 그림이다.)

인간의 뇌는 다양한 정보를 가지고 있기 때문에 무언가 실마리
만 던져 주면 사람들은 알아서 본다. 결국 내가 그리는 왼손 그림은
내가 완성하는 것이 아니라 보는 사람이 완성하는 셈이다.

왼손으로는 그림을 그리는 것보다 글씨를 쓰는 것이 더 어려웠
다. 그림에서 큰 곡선은 팔꿈치를 축으로, 작은 곡선은 손목을 중심
으로 움직이면 쉽게 그릴 수 있다. 당연한 말이지만 직선이 더 어렵
다. 그래도 큰 움직임은 팔을 쓰면 되므로 그리 어렵지 않다. 놀랍

게도 그림 실력이 너무 빨리 늘어 편집자가 걱정을 할 정도에 이르렀다. 왼손 그림은 좀 어눌한 것이 매력인데 날이 갈수록 그림이 정교해지고 기교가 생긴다는 거다. 그런데 글씨는 빨리 늘지 않았다. 글씨를 쓰려면 더 작은 근육들을 정교하게 움직여야 하기 때문에 더 많은 훈련이 필요하다.

그래서 나는 그림은 못 그리도록 애쓰는 동시에 글씨는 잘 쓰도록 노력해야 하는 딜레마에 빠졌다. 그림을 그리는 것과 글씨를 쓰는 것은 전혀 다른 일이라는 것을 새삼 깨달았다.

오른손을 어느 정도 쓸 수 있게 되자 식물을 과학적으로 그리는 보태니컬 아트를 시작했다. 오른손으로 펜을 잡으니 다른 뇌가 작동한다. 나는 오른손으로 그림을 그리려는 내가 꽃의 특징을 잡아내려 애쓰는 것이 아니라 디테일을 보고 있다는 사실을 깨달았다. 꽃잎의 색은 몇 가지 색이 섞여 있는지, 잎은 마주보기로 나는지 잎맥은 나란히맥인지 그물맥인지, 가지는 매끄러운지 거친지를 관찰한다. 오른손은 그것들을 표현하기 위해 정교하게 움직인다.

왼손은 전체를 보고 특징을 잡으려 애를 쓰고 오른손은 모든 디테일을 표현하려고 애를 쓴다. 나는 옛날부터 철저한 오른손잡이였다. 피아노를 십 년 가까이 쳤고 바이올린과 첼로를 다룰 줄 안다. 그러나 그림은 또 다른 세계다. 지금 당장 어떤 도구라도 좋으니 주로 쓰던 손 말고 반대 손으로 그림을 그려 보라. 사물을 전혀 다르게 보고 있는 나를 발견할 것이다.

2017년 10월

▪ 여기에 실린 오른손 그림 두 점은 《꽃그림 작품으로 배우는 보타니컬 아트》(미진사)에서 나오는 그림을 보고 그린 것이다.

목 련

2017년 4월 19일

카 라

2017년 5월 12일

오른팔이 부러져서
왼손으로 쓰고 그린 과학 에세이

펭귄도 사실은 롱다리다!

첫 번째 찍은 날 2017년 11월 2일
세 번째 찍은 날 2020년 7월 2일

지은이 이지유
펴낸이 이명희 | **펴낸곳** 도서출판 이후 | **편집** 김은주
디자인 Studio Marzan 김성미

글·그림ⓒ이지유, 2017

등록 | 1998. 2. 18.(제13-828호)
주소 | 10449 경기도 고양시 일산동구 호수로 358-25(동문타워 2차) 1004호
전화 | 031-908-1357 전송 | 02-6020-9500
블로그 | blog.naver.com/dolphinbook
페이스북 | www.facebook.com/smilingdolphinbook

ISBN 978-89-97715-53-4 02400

이 도서의 국립중앙도서관 출판예정도서목록(CIP)은
서지정보유통지원시스템 홈페이지(http://seoji.nl.go.kr)와
국가자료공동목록시스템(http://www.nl.go.kr/kolisnet)에서 이용하실 수 있습니다.
(CIP제어번호 : CIP2017025332)

꽃의 걸음걸이로, 어린이와 함께 자라는 웃는돌고래
웃는돌고래 는 〈도서출판 이후〉의 어린이책 전문 브랜드입니다.
어린이의 마음을 살찌우고, 생각의 힘을 키우는 책들을 펴냅니다.

이지유

20대에는 서울대학교에서 지구과학교육과 천문학을 공부했고, 30대에 우연히 과학 글을 쓰는 세계에 입문해 지금까지 일하고 있다. 배움에는 끝이 없다고 여겨 40대에는 공주대학교에서 과학영재교육학 공부를 했는데, 50대에 스키 타다 오른팔이 부러져 왼손으로 동물을 그리고 짧은 글을 쓰고 있다. 인생은 정말 버라이어티하다. 첫 글을 썼던 신문기사 제목 때문에 '별똥별 아줌마'라고 알려져 있다. 그러나 이메일을 비롯한 각종 인터넷 매체의 닉네임은 별번쩍! 은하의 밝기와 맞먹는 초신성이 웅장하고 밝게 빛나는 모습을 표현하려고 이런 별명을 지었는데 사람들은 경외감을 느끼기보다 피식 웃는다. 여전히 재미난 과학책을 만들려고 노력하고 있으며 그동안 열심히 지은 책으로는 〈별똥별 아줌마가 들려주는 과학 이야기〉 시리즈와 《처음 읽는 우주의 역사》, 《내 이름은 파리지옥》, 《처음 읽는 지구의 역사》, 《내 이름은 태풍》, 《숨 쉬는 것들의 역사》, 《우주를 누벼라》 등이 있다.